爱上机器人

Robot:
making on your time

VEX机器人全攻略

玩转V5编程与竞赛

韩恭恩 / 著　　博思威龙 / 特别支持

人民邮电出版社
北京

图书在版编目（C I P）数据

VEX机器人全攻略 ： 玩转V5编程与竞赛 / 韩恭恩著
. -- 北京 ： 人民邮电出版社, 2020.12
（爱上机器人）
ISBN 978-7-115-54709-5

Ⅰ. ①V… Ⅱ. ①韩… Ⅲ. ①机器人—程序设计—竞赛 Ⅳ. ①TP242

中国版本图书馆CIP数据核字(2020)第156936号

内 容 提 要

本书是全面的 VEX 机器人编程与竞赛指南，作者具有多年机器人教学和赛事指导经验，书中包含大量实用案例，可以让你以轻松的方式认识和了解 VEX 的全新版本 V5 机器人，并且能够帮助你熟练地使用 VEXCode 对 VEX 机器人进行编程，从而更加得心应手地在 VEX 机器人赛事中取得好成绩。

◆ 著　　　　韩恭恩
　责任编辑　魏勇俊
　责任印制　彭志环
◆ 人民邮电出版社出版发行　　北京市丰台区成寿寺路 11 号
　邮编　100164　　电子邮件　315@ptpress.com.cn
　网址　https://www.ptpress.com.cn
　临西县阅读时光印刷有限公司印刷
◆ 开本：787×1092　1/16
　印张：14　　　　2020 年 12 月第 1 版
　字数：367 千字　　　　2020 年 12 月河北第 1 次印刷

定价：80.00 元

读者服务热线：(010)81055493　印装质量热线：(010)81055316
反盗版热线：(010)81055315
广告经营许可证：京东市监广登字 20170147 号

编委会

序

未来的时代是科技的时代，是人工智能的时代。从手机、计算机到智能家电、可穿戴设备，从信息互联的网络时代到万物互联的智能时代，我们每个身处时代中的人都在不经意间就见证了科技的发展。我们看到阿尔法狗（AlphaGo）以无可争议的能力战胜李世石、柯洁等人类围棋高手；我们看到无人配送机器人已经进入日常生活；我们看到波士顿动力的机器人已经可以完成超过人类的复杂运动。我们经历着人工智能技术遍布生活的每一个角落；我们感受着大数据对人类社会生活方式的革新。在这样的时代中，人的价值被重新定义。

21世纪以来，中国的科技实力在不断加强，已经逐步成为全球领先的制造业大国。在可以预见的将来，科研和技术人才，依旧是这个时代最宝贵的财富。智能化时代带来的不只是便利，改变的不仅是生活，也将改变未来的教育、就业、经济格局。在知识和信息爆炸的时代，科技教育的重要性不言而喻。

在这样的时代背景下，青少年机器人教育的普及和竞技在国内已经如火如荼地开展了十多年，吸引着国内机器人爱好者和对科技充满好奇的青少年们不断地在赛场和课堂中钻研机器人技术。从最初的简单金属结构结合电机，到航空铝材匹配高性能电机；从最初的红外遥控到2.4G Wi-Fi通信；从灰度传感器、触碰传感器到陀螺仪、加速度传感器的应用；从最基础的0-1编码到视觉控制，这些都体现了当代机器人技术的高速发展。

越来越多的企业、学校、家长、学生认识到具有创新能力的科学技术人才在未来的价值。相比国外的科技教育和竞技环境，国内起步晚、早期基础薄弱，在赛场内外靠的是指导老师和参与学生投入大量的精力和时间，以此来追赶超越国外的步伐。近几年来随着国内科技氛围越来越浓厚，国内学习机器人的青少年们已经展露了作风过硬、技术领先的风采，呈现全面赶超的趋势。一场青少年赛事，呈现的是一个国家、一个地区、一代青少年对于科学技术的渴望和热情；智能化时代浪潮还在不断前行，随着科技教育的不断推广，国内青少年综合创新能力也在不断提升。

韩恭恩老师是国内从事青少年机器人教育的先行者之一。2004年创办西安高新第一中学机器人社团，并一直从事一线机器人竞赛与教学工作，多次带队荣获国内、国际机器人大赛冠军。他曾担任中国青少年机器人大赛VEX项目裁判长，世界机器人大会总裁判长，具有很强的专业素养，对于机器人竞赛、教育都有很高的专业造诣。本书已经是韩老师在VEX机器人教学和竞技领域的第二本著作，围绕着如何开展机器人科技教学、怎样教授学生学习机器人相关的知识，韩老师将自己的一线教学经验，通过一个个生动的案例，呈现给读者。本书章节安排合理、层次清晰、语言准确、浅显易懂，特别是对一些竞赛中的编程技巧，做了细致、全面的解析，我相信通过本书的学习，读者能够快速掌握关于青少年机器人编程的主流知识点与整体脉络，为将来人工智能学习打下坚实的基础。

西安电子科技大学计算机科学与技术学部主任、教授、博士生导师
智能感知与图像理解教育部重点实验室主任
中国人工智能学会会士
IEEE计算智能学会西安分会主席

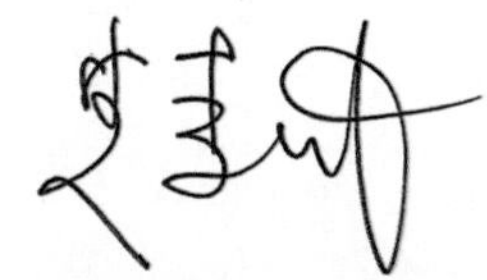

前　言

VEX机器人大赛（VEX Robotics Competition），是由美国机器人教育及竞赛基金会（Robotics Education and Competition Foundation）发起，美国卡内基梅隆大学（CMU）、未来基金会（The Future Foundation）、美国著名的欧特克（Autodesk）公司、创首国际（Innovation First International，简称IFI）、英泰励科（Intelitek）公司等协办，美国国家航空航天局（NASA）、美国易安信公司（EMC）、亚洲机器人联盟（Asian Robotics League）等组织支持的一项旨在通过推广教育型机器人，拓展中学生和大学生对科学、技术、工程和数学领域的兴趣，提高青少年的团队合作精神、领导才能和解决问题能力的世界级大赛。2016年4月20日至4月23日在美国路易维尔，来自30个国家和地区的1075支队伍参加了VEX机器人世界大赛。这场全球机器人顶级赛事打破了此前规模最大的机器人比赛世界纪录，被载入了吉尼斯世界纪录大全。

VEX机器人竞赛也是中国科学技术协会举办的中国青少年机器人大赛中的观赏性很强的科技竞赛，吸引了大量的青少年科技爱好者参与。

VEXcode机器人编程语言是为最新版控制器VEX V5而开发的编程平台，支持C++面向对象编程，支持图像识别及PID控制，功能强大。不同于单纯地学习编程语言，通过和机器人结合，用程序来控制机器人运动，会极大提高学习编程的趣味感和成就感，有利于入门者快速上手。

笔者在2004年开始接触机器人教育教学与竞赛，2008年开始参与VEX机器人竞赛活动，十几年的一线经历，让我深刻体会到了该项活动对于提高学生的综合科技素养有巨大帮助。本书于2019年初步完成，之后又进行了反复修改，于2020年6月最终完稿。书中大量经典案例有助于初学者快速入门和理解编程语言。

本书得到北京人民大学附属中学袁中果老师、杭州二中戈航老师、合肥一中鲁先法老师、南京金陵中学尧舜老师、成都七中张庆老师等权威教练的大力支持，这些老师还为本书提供了很多生动的案例，在此表示衷心感谢。

目　录

第一章

■■■

VEXcode概述

一、VEXcode介绍

对于控制VEX机器人来讲，VEX官方发布的编程软件有很多优点，早期发布的VEX Coding Studio（VCS）是由卡内基梅隆大学机器人学院开发的基于C++语言的机器人编程开发环境，它可用于给VEX IQ和VEX V5主控器编程。VCS包含多种语言和编码样式，支持简单的拖放编程，可在Block编程和代码编程之间切换，学生可以在初学阶段使用Block进行编程，然后顺利地过渡到文本编程。

VEXcode是继VCS后，卡内基梅隆大学机器人学院与Robomatter针对VEX主控器合作开发的一系列机器人编程软件，它保留VCS的诸多优点，同样可用于给VEX IQ和VEX V5主控器编程，针对每种主控器，开发了Block和Text两种编程方式，VEXcode不仅是适用于专业程序员使用，也适用于VEX机器人比赛的选手和教练员。

VEXcode发布时间较短，且版本一直在迭代更新，本书为了帮助读者尽快掌握文本编程软件的使用，获得C++语言的编程能力，选择使用VEXcode V5 Text作为编程开发环境。VEXcode V5 Text用户界面简单，功能强大，拥有编写和调试文本程序的所有功能。用户可以轻松创建、编译、下载和监控机器人程序。所有项目相关文件（包括源文件）都存储在用户的本地存储设备上。它允许用户将这些文件合并到所选择的软件版本控制系统中，VEXcode V5 Text甚至提供内置的VEXos固件更新，不再要求用户使用单独的更新软件。它的特点有以下几点。

（1）使用C++语言和V5 API，是一个功能齐全的纯文本V5编码工具。

（2）可分屏展示不同的编辑器，便于用户查看调试。

（3）具有自动填充功能，可实时进行语法错误检测并提出修改建议。

（4）可支持无线传输，用户也可同时打开多个编程窗口。

（5）用VCS编写的源文件可用VEXcode V5 Text直接打开，不影响用户使用。

（6）目前适用于Windows和macOS。

（7）可同时下载8个工程文件的程序到主控器上。

二、软件安装

本书选用的VEXcode软件版本为VEXcode V5 Text – v1.0.3，大家可以进入VEX官方网站（vexrobotics），点击下方的“VEXcode Download”进行下载。

以Windows版本为例进行软件的安装，具体安装过程如下。

第1步 启动VEXcode V5 Text安装程序：双击“VEXcode_V5Text_1_0_3.exe”安装文件以启动InstallShield向导。

第2步 在第一个InstallShield向导页面中，单击“Next>”（下一步>）按钮（见图1-1）。

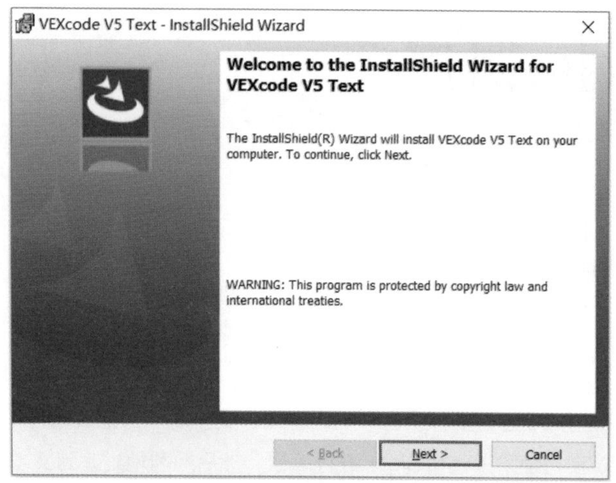

图1-1 软件安装1

第3步 接受许可协议：阅读最终用户许可协议，然后单击“I accept the terms in the license agreement”（我接受许可协议中的条款）选项。单击“Next>（下一步>）”按钮（见图1-2）。

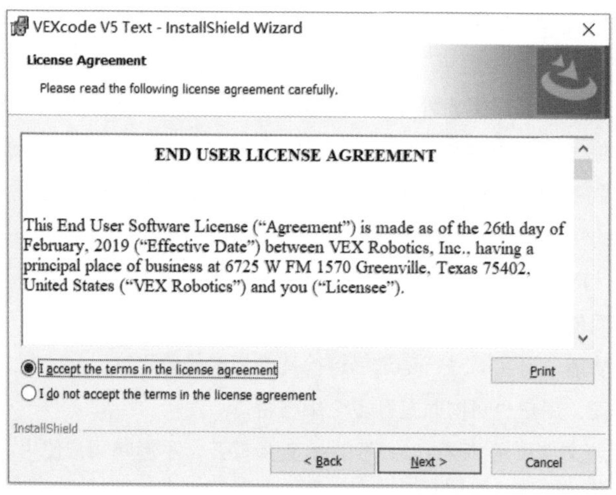

图1-2 软件安装2

第4步 安装VEXcode V5 Text：单击“Install”（安装）按钮（见图1-3）。

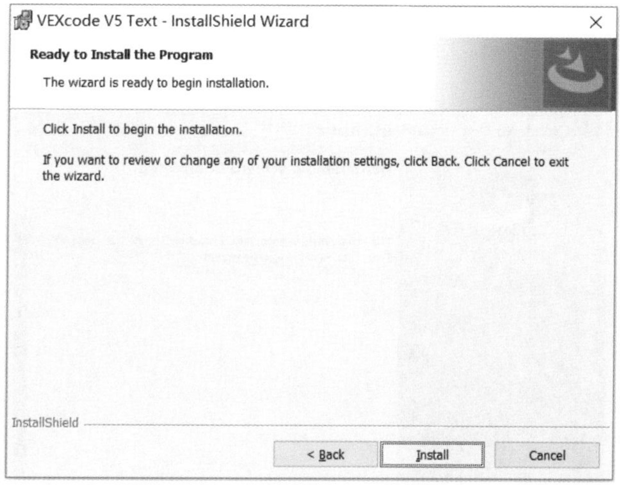

图1-3 软件安装3

第5步 安装VEXcode V5 Text设备驱动（见图1-4）和传感器驱动（见图1-5），单击“安装（I）”按钮，如果不安装该驱动会导致链接的设备和传感器无法识别，程序下载失败。

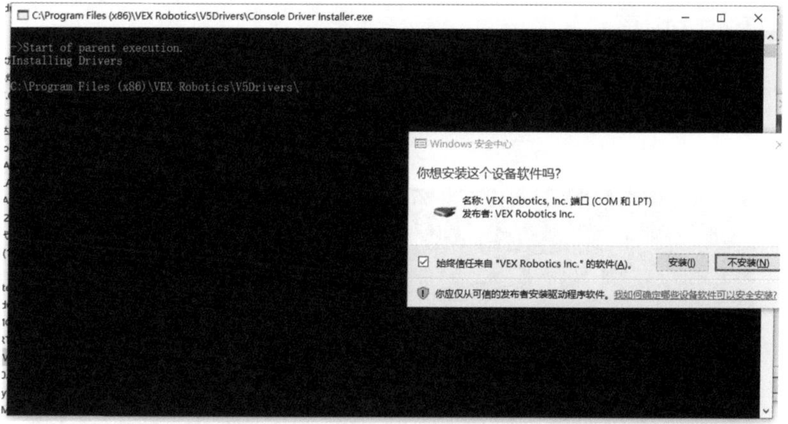

图1-4 VEXcode V5 Text设备驱动安装

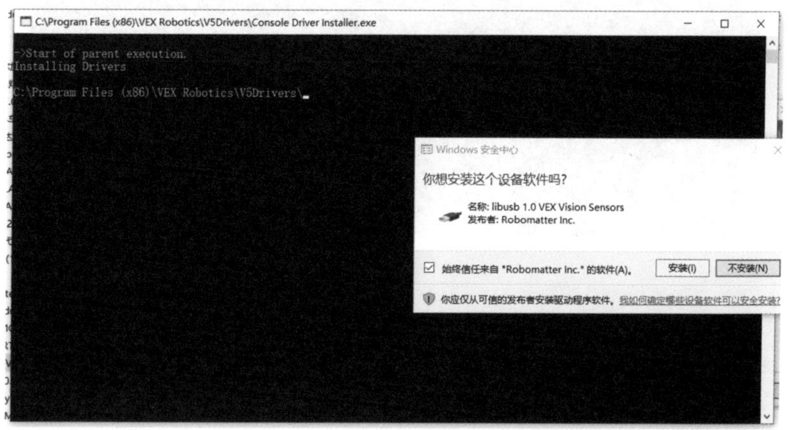

图1-5 传感器驱动安装

第6步　完成安装：单击“Finish”（完成）按钮，完成VEXcode V5 Text的安装，并关闭InstallShield向导（见图1-6）。

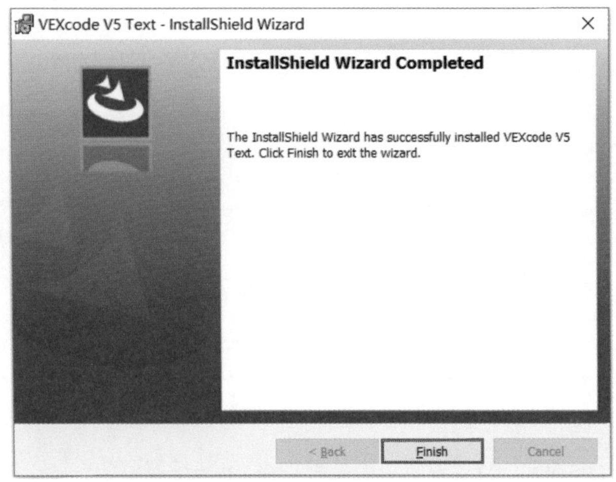

图1-6　完成安装

三、编程运行环境

启动VEXcode V5 Text：使用桌面快捷方式“■”启动VEXcode V5 Text。应用程序打开后，软件进入以下界面（见图1-7）。

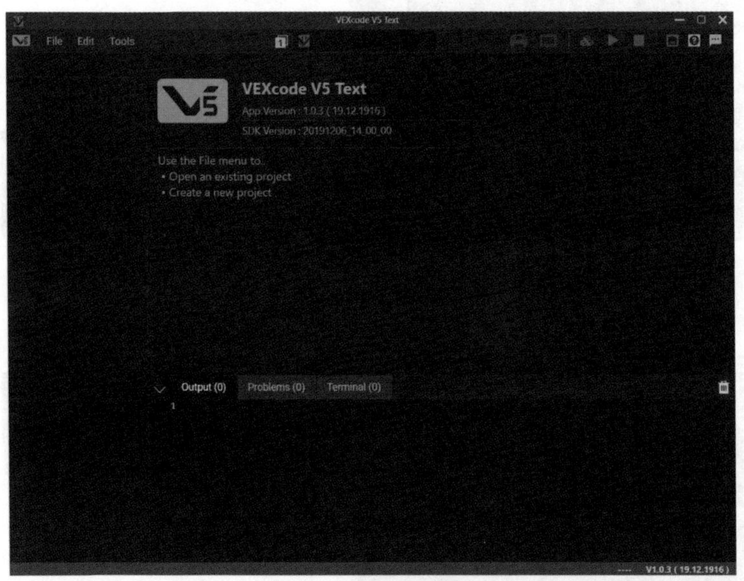

图1-7　软件打开界面

打开左上方文件菜单File→New，创建一个新的工程文件（见图1-8），并给工程文件命名，文件名支持中英文，但是不能有空格，不能和已有文件重名。进入工程文件后开始使用VEXcode V5 Text进行编码。默认保存位置为：文档\ vexcode-projects。文件名建议命名为有一定含义的中文或英文名，例如“hello”或“你好”，而不是“project1”（见图1-9）。

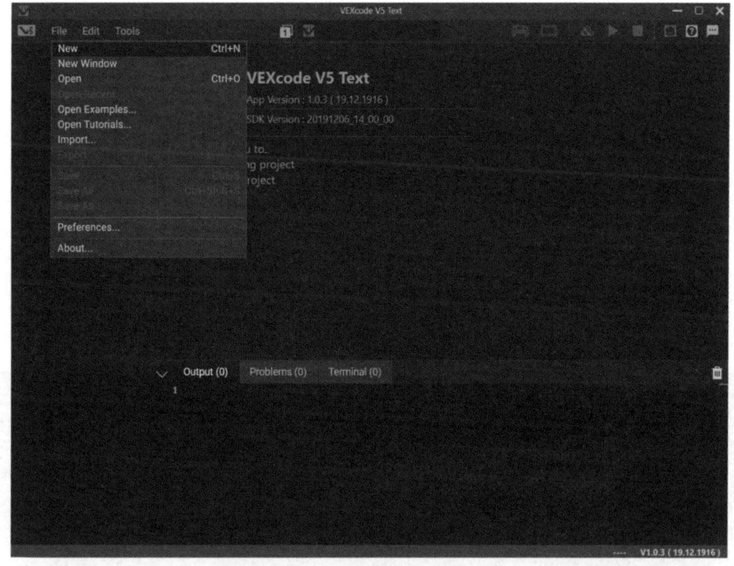

图1-8　新建工程文件

图1-9　输入工程文件名称

1. 编程界面

VEXcode V5 Text界面主要有3个部分（见图1-10）。

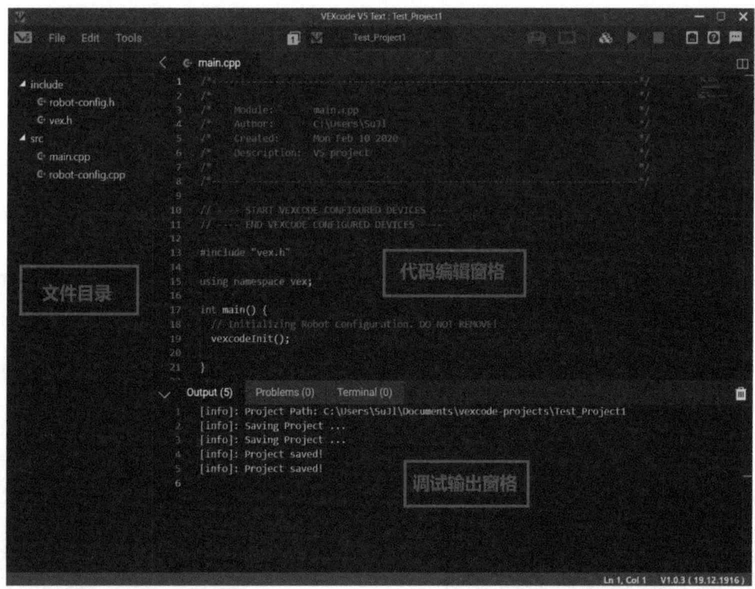

图1-10　界面

（1）文件目录区：文件目录区包含了以.cpp结尾的源文件和以.h结尾的头文件，用户可根据自己的需求双击选择并打开已经编写好的程序文件，或者重新编写新建文件，添加在相应的文件夹下。

注意：我们给文件命名时中间不能含有空格，否则无法成功命名。VEXcode V5 Text支持同时打开多个项目窗口，单击主页右上方的此菜单“□”即可打开新窗口。

（2）代码编辑窗格区：打开main.cpp文件，文件显示在这个区域，这是用户编写代码的地方。

VEXcode V5 Text窗口支持分屏编辑，单击页面右上方的菜单“□”可实现分屏编辑，便于用户在编写程序时同步查看（见图1-11）。

图1-11 VEXcode分区编辑框

注意：VEXcode V5 Text编辑区右侧的进度条方便用户在代码行数过多时单击到对应位置，直接跳跃到用户想要查看的代码处。

VEXcode V5 Text支持当用户在编写程序时可单击查看定义并跳转到定义处，如图1-12所示，将鼠标指针轻放在代码上，即可及时看到基本信息，也可单击鼠标右键，查看具体定义以及跳转到定义处（见图1-13至图1-16）。

注意：当鼠标指针移动到有效代码上不显示提示信息时，需要确定新建工程默认关闭的代码自动补全功能是否开启，如图1-16所示，单击菜单工具栏正中间的工程标题，弹出工程详细信息菜单，若最下面的“Enable Expert Autocomplete”前的方框为灰色，则表示该功能未打开，单击一下方框，呈蓝色即表示开启该功能。

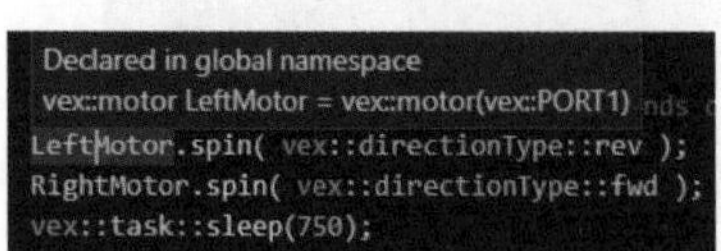

图1-12 鼠标指针轻触查看定义界面图

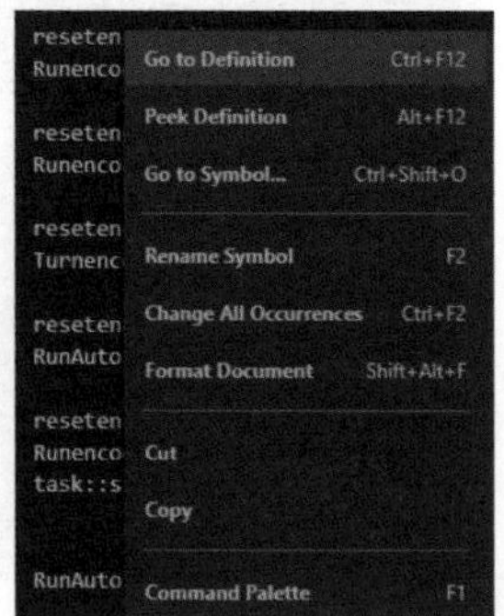

图1-13 单击鼠标右键查看定义并跳转到定义

```
resetencoder();
robot-config.h f:\VEX案例文件\yuanshichengxu3\include
void resetencoder(void)
{
    LeftRun_1.resetRotation();
    RightRun_1.resetRotation();
    LeftRun_2.resetRotation();
    RightRun_2.resetRotation();
}
```

图1-14　查看定义界面图

```
void resetencoder(void)
{
    LeftRun_1.resetRotation();
    RightRun_1.resetRotation();
    LeftRun_2.resetRotation();
    RightRun_2.resetRotation();
}
```

图1-15　跳转定义界面图

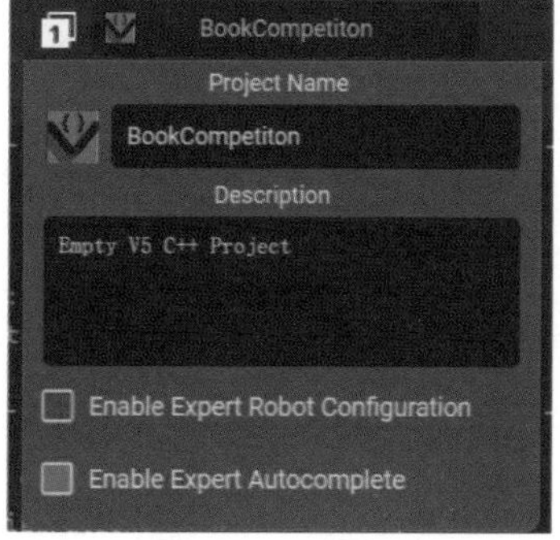

图1-16　打开代码自动补全功能

（3）调试输出窗格区如图1-17所示。

```
use of undeclared identifier 'LeftMoor'; did you mean 'LeftMotor'?
main.cpp:26:12: note: 'LeftMotor' declared here
Declared in global namespace
vex::motor LeftMotor = vex::motor(vex::PORT1)
    LeftMoor.spin( vex::directionType::rev );
    RightMotor.spin( vex::directionType::rev );

    // Wait 3 second or 3000 milliseconds.
Output (1)    Problems (2)    Terminal (0)
main.cpp
  use of undeclared identifier 'LeftMoor'; did you mean 'LeftMotor'?
  'LeftMotor' declared here
```

图1-17　错误显示窗口

VEXcode V5 Text在编写程序时，系统会自动匹配所输入的函数来补全剩下的内容以方便用户编写，而且便于检查出拼写错误。当代码出现错误时，除了错误呈现窗口会显示错误问题外，编辑区内会出现红色警告表示代码存在错误。用户可以将鼠标指针移动至错误处查看错误提示，单击“ ”按钮可以查看修改建议（见图1–18）。

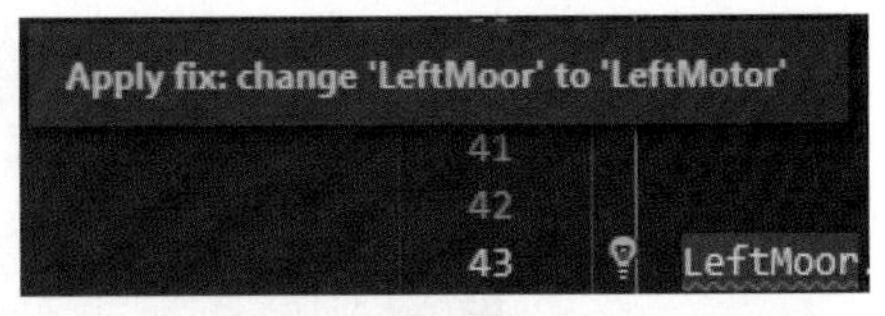

图1–18　修改建议

VEXcode V5 Text运行界面十分简洁，界面上方为菜单栏，右侧为代码编辑窗口，下方为错误显示窗口。在代码编辑窗口进行代码编辑，可以在代码编写时方便调用，错误显示窗口在下载调试程序时检查可能出现的错误和提示，方便用户进行修改。

2. VEXcode菜单及功能

VEXcode菜单工具栏包括3个部分，分别为左上侧菜单栏、中上侧工程信息栏、右上侧工具栏，如图1–19至图1–21所示。

图1–19　左上侧菜单栏

图1–20　中上侧工程信息栏

图1–21　右上侧工具栏

3. 常用工具栏以及功能

常用图标和工具栏按键功能含义如表1–1所示。

表1–1　常用图标和功能含义

图标	功能含义	图标	功能含义
	设备链接成功后显示设备信息		编译并下载程序
	编译程序		选择主控器中程序编号
	运行程序		停止程序
	遥控器连接状态		反馈窗口
	设备配置		分屏编辑
	帮助窗口		错误提示
	警告提示		信息提示
	修改建议提示		注释信息

系统和固件更新界面如图1–22至图1–27所示。

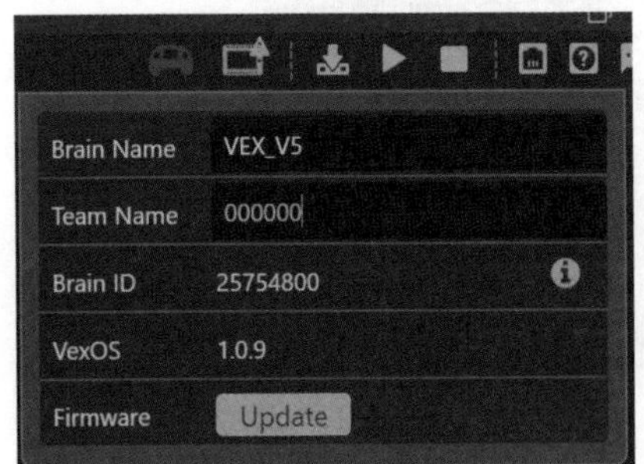

图1–22　设备的系统信息，固件需更新

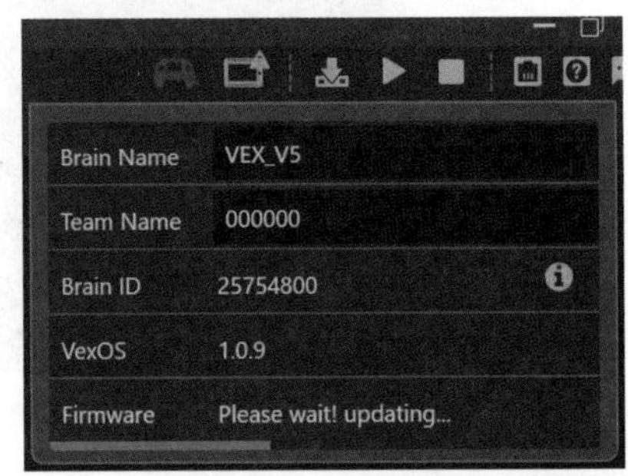

图1–23　更新系统

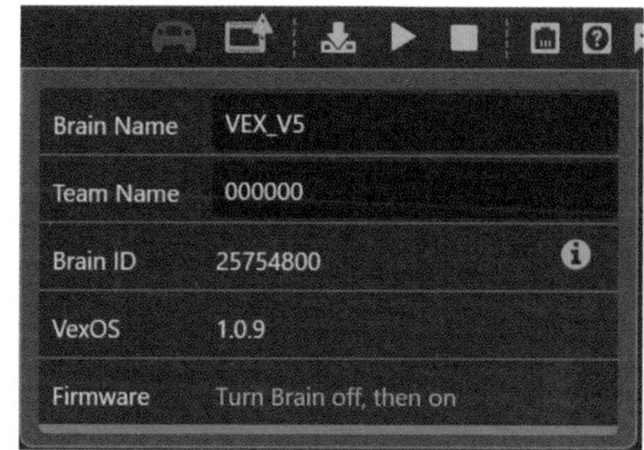

图1-24 系统更新结束，重启控制器提示

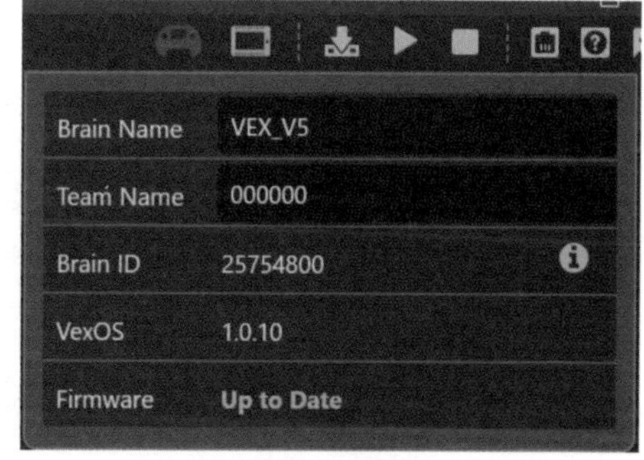

图1-25 系统更新成功

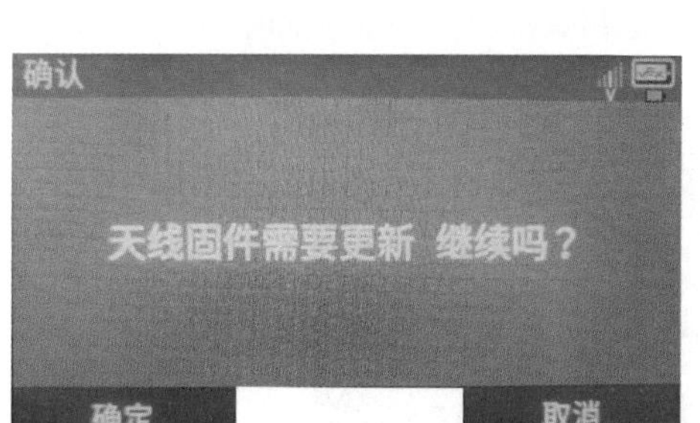

图1-26 需要更新无线Wi-Fi固件提示

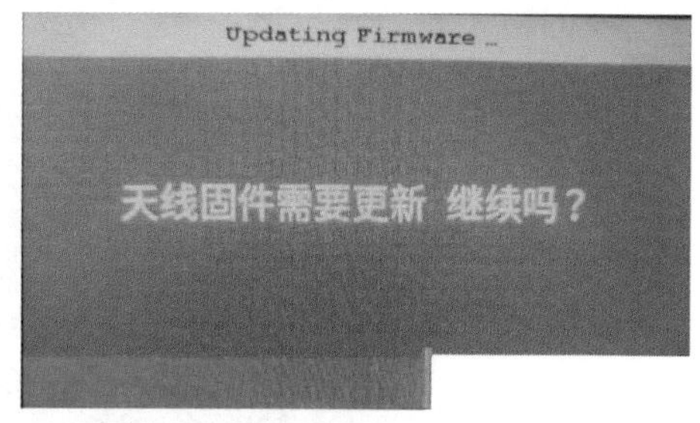

图1-27 无线Wi-Fi固件更新中

用户可根据需要对文件存储位置等细节进行修改，单击菜单栏“File”选项卡中的“Preferences...”（见图1-28），即可进行自定义更改。

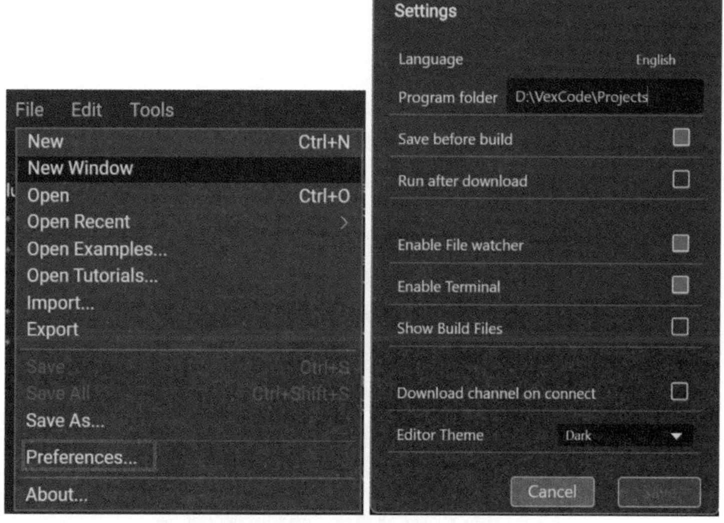

图1-28 设置界面

4. 程序编译调试与下载

（1）程序编译调试

VEXcode V5 Text具有编译调试功能。当无设备连接的时候，可单击“ ”按钮进行编译，此时其显

示效果如图1–29所示。

图1–29　编译过程

如果程序有语法错误，则会在错误提示窗口显示错误，若没有错误，则窗口显示如图1–30所示。

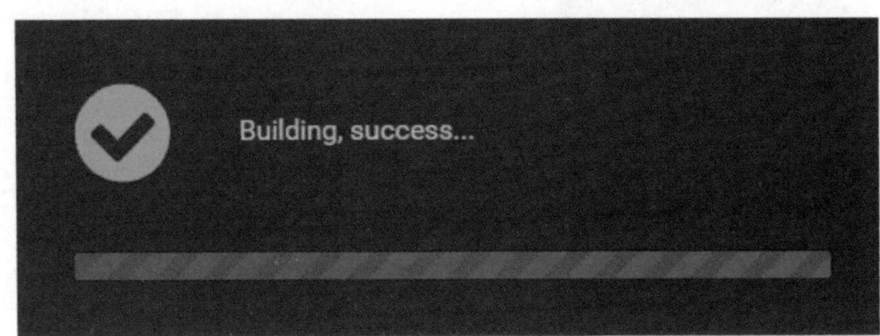

图1–30　编译成功

（2）程序编译下载

如果程序已经编写好就可以编译下载了，插上设备之后单击“■”按钮，即可完成下载，可以用USB数据线连接计算机和V5主控器进行下载，或者用USB数据线连接计算机和遥控器通过无线传输给V5主控器进行下无线下载，下载成功后可以通过VEXcode V5 Text中的“■”按钮来运行程序进行调试，通过单击“■”按钮来停止程序。

注意： V5的主控器可存储8套工程文件，用户在下载程序时，一般初始默认下载到列表位置1，用户可根据需求在下载之前单击“■”按钮，手动更改下载存放位置。程序存放位置选择如图1–31所示。

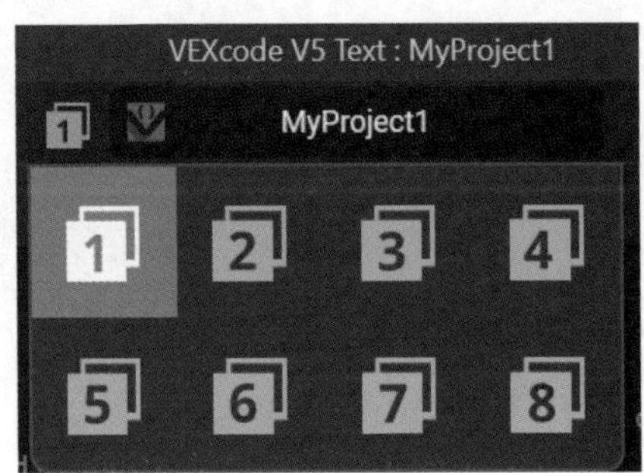

图1–31　程序存放位置选择

第二章

主控器

美国机器人教育与竞赛基金会（RECF）举办的VEX机器人竞赛是一项激励全球千万学生追寻STEM教育和终生探索的活动。VEX机器人设计系统把竞争的灵感提升到新的水平。它可作为课堂机器人教学平台，是为促进机器人学习和STEM教育知识的进步而设计的。VEX给教师和学生提供了一个适于课堂和赛场使用且能负担得起的、结实耐用的、新水平的机器人系统。VEX机器人中预制和易成形金属构件的创新使用，再加上一个功能强大的和用户可编程的微处理器控制，使你拥有无限的设计可能。2016年4月，在VEX比赛10周年时刻，RECF发布了新一代的主控制器V5和配套的电池、电机、操控手柄。

下面我们介绍V5主控器的功能和使用方法。

一、主控器介绍

1. 主控器基本信息

V5主控器采用4.25英寸480×272像素全彩色触摸屏，提供了较好的人机交互界面，使用户操作起来更加简单方便。所有电子器件必须与主控器接口连接才能工作，通过编程可以控制电机的旋转方向和速度，对各种传感器获取的外部环境信息进行分析处理，控制机器人的工作和运动。

V5主控器嵌入了无线技术，支持无线连接、无线调试和无线下载等功能。V5主控器使用Cortex A9处理器与FPGA协同工作，运行速度要比之前的设备快约15倍。V5主控器的正面图和侧面图如图2-1和图2-2所示。

图2-1　V5主控器正面图

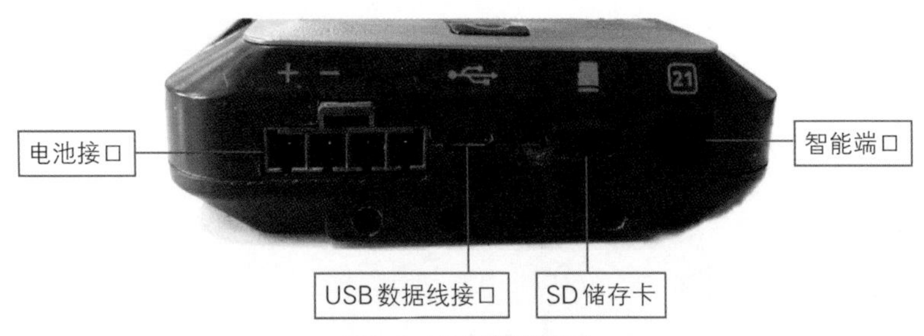

图2-2　V5主控器侧面图

V5主控器功能及其优点如下。

（1）V5主控器增大了内存空间，并可以插入SD存储卡扩展额外的存储空间，用户可以储存8个工程文件。

（2）V5主控器显示界面提供了可供用户选择的多种显示语言，除此之外，主题、背光、屏幕显示等皆可设置更改。

（3）V5主控器可以显示机器人及自身的信息，运行内置VEX操作系统，智能端口可自动检测连接设备的类型，可实时运行用户程序，对机器人进行故障排除并实时获得重要反馈。

（4）V5主控器提供了8个3线端口，兼容上一代版本的传感器和电机。

2. 主控器的高性能

V5强大的处理器与VEXos操作系统相结合，为用户处理器提供所有传感器的信息。所有智能传感器都有自己的处理器，可以同时收集和处理数据。新信息会立即发送到用户处理器的高速本地RAM，而不会中断处理器。每当一行代码在用户程序运行调用传感器数据时，都可以立即从内存中访问。如电机位置、编码器的值等。主控器处理器参数，如表2-1所示。

表2-1　V5主控器处理器性能参数

类别	明细
VEXos处理器	1片Cortex A9（667MHz）、2片Cortex M0（32MHz）、1片FPGA
用户处理器	1片Cortex A9（1333MIPS）
内存	128M
闪存	32M
扩展microSD	可达16G，FAT32格式

用户处理器可以及时了解所有传感器数据，它不受噪声和静电的影响。每个传感器都是其自身1.5 Mbps总线的主控制器，它可以控制数据发送到主控的时间和频率。

V5主控器有21个智能端口可供使用。每个都配备了一个eFuse的数字断路器，可以在不限制电机性能的情况下实现短路保护。eFuses可以使用户消除主控和电机中限制Cortex系统性能的PTC设备。主控器功能说明，如表2-2所示。

仪表面板是V5主控器最大的亮点之一，从触碰开关、角度传感器一直到电机和电池，每个连接的传感器和设备都有一个内置仪表板，可以实时查看实际执行的操作及该操作的数据，如图2-3和图2-4所示。

表2-2 主控器功能说明

类别	明细
智能端口	共有21个端口，用来接电机、智能传感器、无线电VEXnet模块
三线端口	共有8个端口，用来接模拟、数字传感器或传统电机、传感器
USB接口	2.0高速（480Mbit/s）
系统电压	12.8V
无线	VEXnet 3和蓝牙4.2
3线扩展	使用3线扩展器添加8个端口，3线扩展器使用一个智能端口

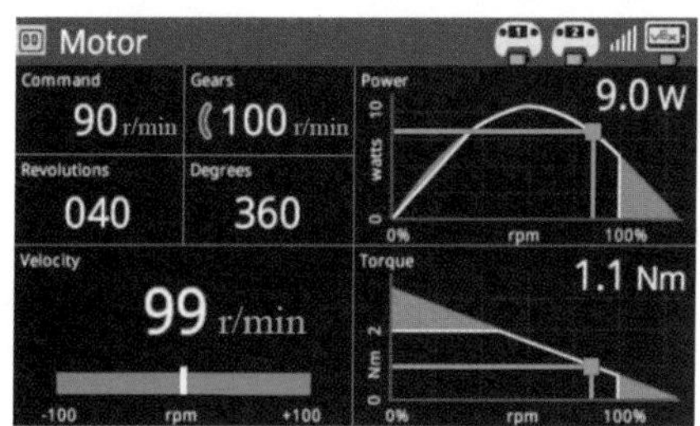

图2-3 在一个屏幕上查看所有连接的设备

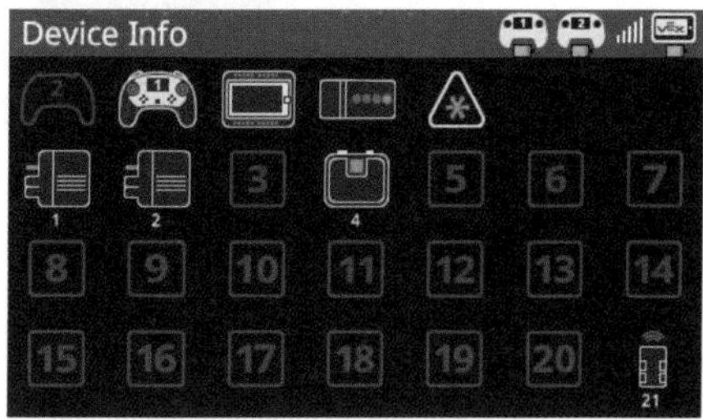

图2-4 电机仪表板

3. VEXos操作系统

V5主控器内置VEXos操作系统，官方会定期进行更新维护。该操作系统可以实时处理用户的指令。使用VEXcode Text软件，学生可以快速开始编程。

VEXos避免了Linux和Android等商业操作系统的复杂性和不断变化的特性。由于不使用这些商业操作系统，VEXos不需要大量的闪存、RAM和昂贵的处理器，降低了成本和复杂性，简化了用户编程操作，极大地提高了性能和可重复性。

VEXos功能如下。

（1）智能传感器识别、通信和更新 。

（2）检查以确保用户程序与机器人接线匹配。

（3）电池配电和监控。

（4）通过VEXnet，蓝牙，USB和连接线进行通信。

（5）VEX Coding Studio和VEXcode集成。

VEXos优点如下。

（1）多核处理器支持。

（2）带触摸输入的图形用户界面。

（3）多语言支持（包含英文、葡萄牙文、俄文、中文、法文、西班牙文、阿拉伯文、日文、德文、韩文）。

（4）传感器数据收集。

（5）用户程序数据访问。

（6）文件系统和内存管理。

（7）诊断和过程记录。

（8）硬件API。

（9）软件库。

更新主控器固件如下。

（1）收集所需要的物件：USB数据线，主控器，电池，计算机（如图2-5所示）。

图2-5　计算机、主控器、电池、USB数据线

（2）将USB数据线和电池连接到主控器上，保证主控器可以正常使用，如图2-6所示。

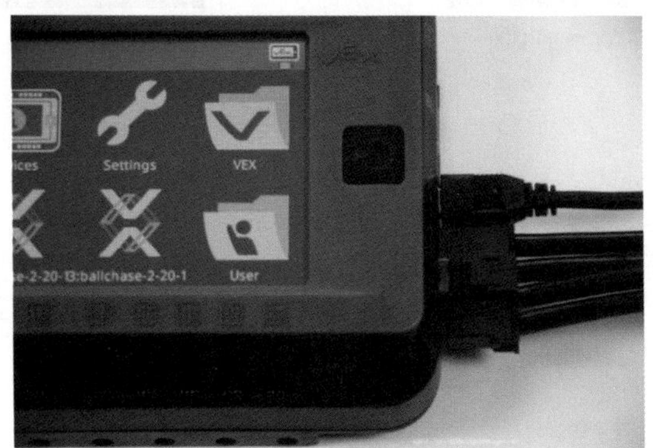

图2-6　将USB数据线和电池接到主控器端口

（3）将USB数据线的另外一段连接到计算机上，如图2-7所示。

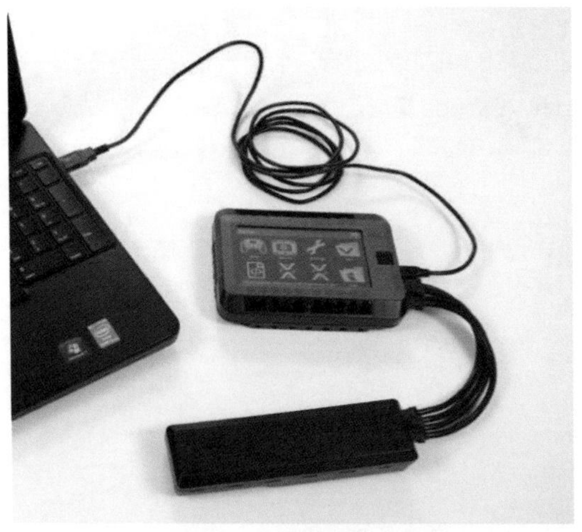

图2-7　将USB数据线接到主控器端口

（4）打开编程界面，可以查看主控器信息，注意是否为最新版本，若界面上出现“需要更新”的橙色警告，单击“立即更新”，并等待其更新完成即可。注意不要在更新的过程中突然断开主控器或关闭编程界面（见图2-8至图2-11）。

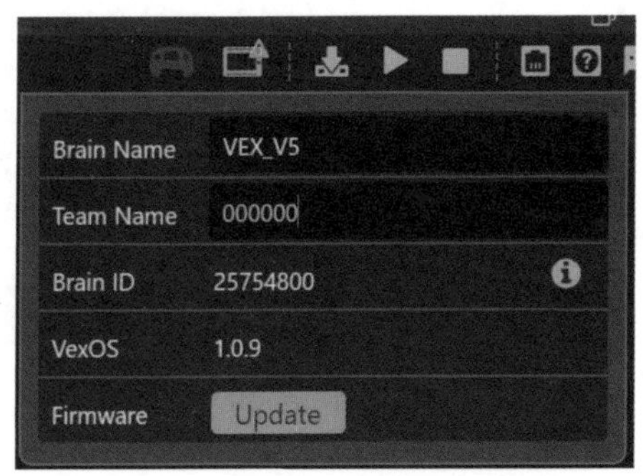

图2-8 设备的系统信息，需要更新

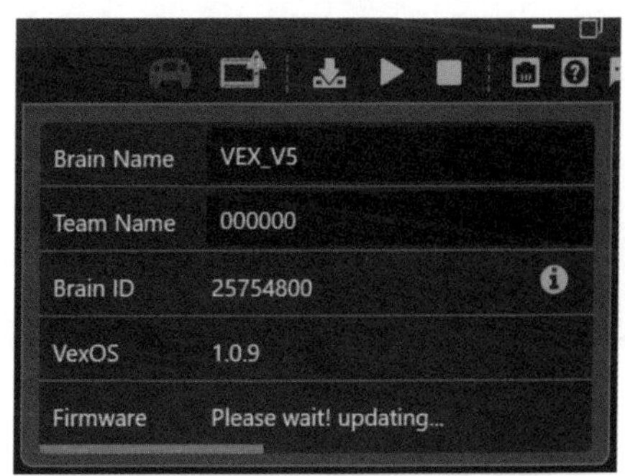

图2-9 更新系统

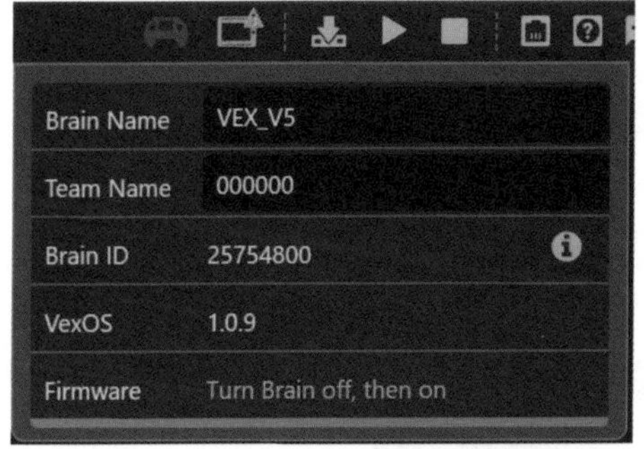

图2-10 系统更新结束，重启控制器提示

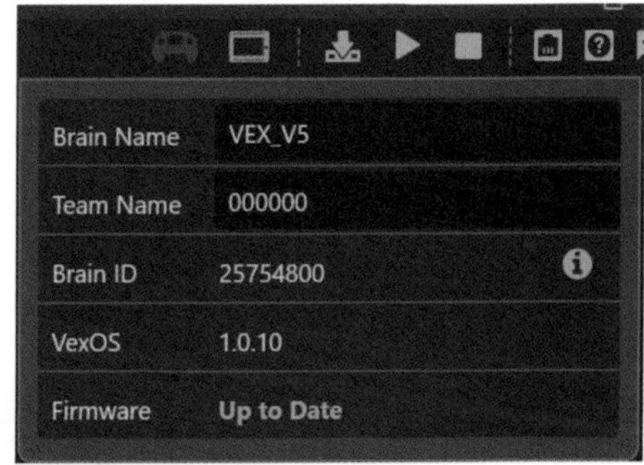

图2-11 系统更新成功

二、网络连接

V5主控器可以通过VEXnet模块，让主控器与其遥控器进行通信，以便完成手动程序的遥控和程序的传输下载。

V5主控器同时具备蓝牙模块，使用德州仪器CC2640蓝牙智能无线MCU，支持蓝牙4.2，能够下载程序到主控器中。

注意： 安装时不要将VEXnet模块放置在被金属包围的位置，这样会导致信号变弱，VEXnet模块上有两个螺孔定位，便于安装和拆卸（见图2-12）。

图2-12 VEXnet侧面图

VEXnet模块也具有内置固件，当主控器更新后，固件也需要更新，以便更好地匹配（如图2-13和图2-14所示）。

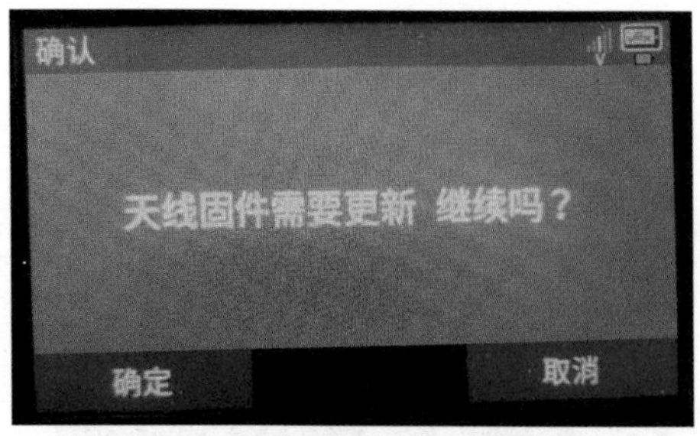

图2-13　需要更新无线VEXnet固件提示

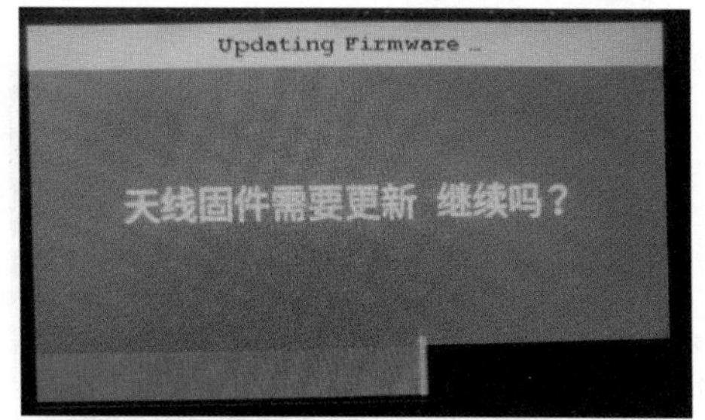

图2-14　无线VEXnet固件更新中

三、3线端口

V5系统使用了大量的智能设备，但仍然需要使用模拟和数字设备。因为VEX EDR用户群还有开关、传感器等设备，所以仍然保留了3线设备的功能。

现在的3线端口是多用途的（3线端口见图2-15）。任何3线端口都可以是数字输入、数字输出、模拟输入或PWM电机控制，保证用户可以随时使用每个端口。当8个3线端口不够时，只需将外部3线扩展器插入任何智能端口即可获得8个3线端口。

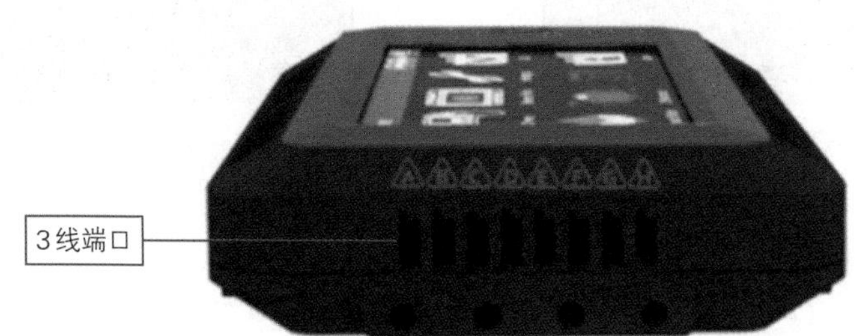

图2-15　3线端口

8个3线端口组成了一个智能设备。专用的Cortex M0微控制器负责读取输入和切换输出。数据在测量时报告给用户，也就是数字输入更改会立即触发基于中断的消息到用户传感器内存，以最大限度地减少延迟。模拟输入预处理5ms，然后连续移动到用户传感器存储器。图2-16所示为几种常见传感器。

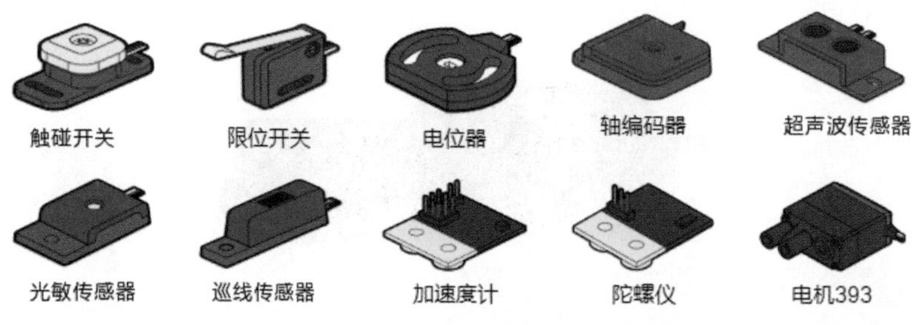

图2-16　常见传感器

3线软件还支持传统传感器，Cortex对应的超声波测距仪、光轴编码器、LED、陀螺仪传感器和模拟加速度计。3线端口也可用作PWM电机端口，用于驱动旧伺服电机和电机控制器。使用伺服电机时，所有8个端口的电压限制为5V和2A，因此这些设备的功率输出将低于Cortex微控制器的7.2V电池。

3线端口实现了非VEX传感器进行课堂使用，以及教学和实验的可能性。模拟输入现在兼容0～5V，以扩展兼容传感器的数量。未来对3线端口的增强计划也允许I2C和UART通信到非VEX传感器。3线端口规格说明见表2-3。

表2-3　3线端口规格说明

3线端口	规格说明
传输频率-数字	1kHz
读取时间-模拟	5ms
数字输入	高电平=2.4～5.5V　低电平=0.0～1.0V
数字输出	高电平=2.9V_{min}进入高阻抗，低电平=0.4V_{max}进入高阻抗
模拟输入	0～5V
模拟输入分辨率	12位
8个3线端口	模拟、数字传感器或传统电机都可接入
断电保护	所有端口总共5V、2A

四、程序初体验

了解了VEXcode V5 Text软件的安装、界面、常用菜单、工具栏的功能及主控器，接下来我们就开始编写第一个程序。由于VEXcode V5 Text是基于C++语言的机器人开发环境，我们在编写代码时要遵循C++语言的语法。

1. 程序初体验

编写第一个简单程序，在屏幕上显示“Hello V5 666”。

思路：通过编写程序可以将“Hello V5 666”在屏幕上显示出来，另外VEXcode V5 Text对于有些函数有特定的格式要求，比如屏幕上显示的函数，在编写程序时要遵循其格式，相关知识在后面章节会有详细的介绍。本章只做初步的介绍。

【例2-1】新建工程文件，命名为“hello”，在main函数中的初始化函数后边加入一行代码。“Brain.Screen.printAt(50, 50, “ Hello V5 666”); ”然后连接控制器并下载运行。

程序：

```
int main() {
  // Initializing Robot Configuration. DO NOT REMOVE!
  vexcodeInit();
  Brain.Screen.printAt(50,50," Hello V5 666");
  //这是系统规定的输出函数特有的格式，表示在（50,50）位置开始输出字符串
}
```

2. 调试和下载程序

程序已经编写好了，接下来就是调试和下载程序了。VEXcode V5 Text软件调试和下载程序是软硬件相结合的（VEXcode V5 Text软件上的下载和调试在第一章已经介绍）。因此在这里介绍硬件的连接，这个程序调试只需要一个主控器、电池和连接到计算机上的一根连接线就好了，如图2-17所示。

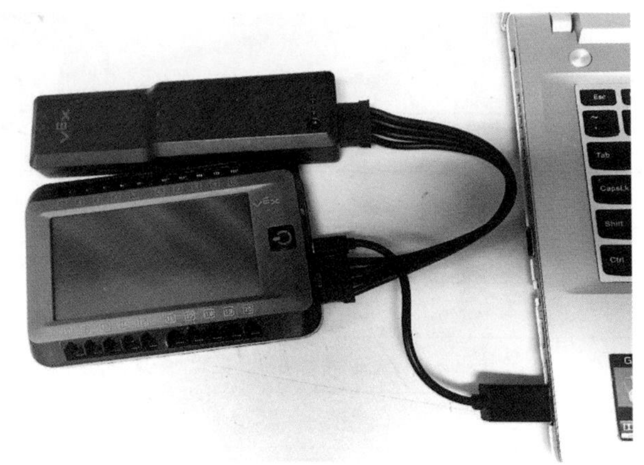

图2-17 连接图示

硬件连接完成，接下来就是调试和下载程序了，在下载程序时确保主控器开关开启，电池有电。

单击下载的图标，就可以将程序下载到主控器中了。若程序无误，则会如图2-18所示，表示下载成功。

图2-18 调试下载程序

下载成功后，可以通过软件界面上的运行按钮“▶”运行程序，也可以通过显示屏幕上的三角形按钮启动程序，此时屏幕中会显示“Hello V5 666”，如图2-19所示。

后续我们会对每一个部件进行介绍，让我们进入“机器人”的世界吧。

图2-19 程序运行后，主控器屏幕

五、迷你存储卡

为方便数据存储与交互，V5主控器提供了mini-SD卡的接口。mini-SD卡是在数码相机、个人数码设备等所用的Flash Memory Card（中文名：快闪存储卡）基础上发展出的一种更小、更适合移动设备使用的存储卡（见图2-20）。

使用时，直接将mini-SD卡插入主控器侧面的mini-SD卡接口，通过调用相关函数进行读写等操作。

图2-20 外置存储卡

相关函数如下。

```
bool     isInserted();
```

功能：检测SD卡是否正确安装，如果设备正常返回True。

示例：if（isInserted()）{；；；}

```
int32_t   loadfile(const char *name, uint8_t *buffer, int32_t len );
```

功能：读取mini-SD卡数据到内存，参数依次为文件名，读到内存的变量名称，长度。

示例：Brain.SDcard.loadfile(“hello.txt”, buffer2, 100);

```
int32_t savefile(const char *name, uint8_t *buffer, int32_t len );
```

功能：保存内存数据到mini-SD卡，参数依次为文件名，需要保存的变量名称，长度。

示例：Brain.SDcard.savefile(“hello.txt”, buffer2, 100);

```
int32_t appendfile(const char *name, uint8_t *buffer, int32_t len );
```

功能：追加保存内存数据mini-SD卡，参数依次为文件名，需要保存的变量名称，追加数据的长度；

示例：Brain.SDcard. appendfile (“hello.txt”, buffer2, 100);

【例2-2】将“Hello world!”“I am 666”保存到mini-SD卡的“hello.txt”文件中，再读取“hello.txt”文件的内容，显示到主控器屏幕上。

程序：

```
uint8_t buffer[13] = "Hello world!";
uint8_t buffer1[9] = " I am 666";
uint8_t buffer2[22];
int main() {
  // Initializing Robot Configuration. DO NOT REMOVE!

  vexcodeInit();
```

```
while(!Brain.SDcard.isInserted())
  {
    Brain.Screen.print("Please insert the SD card");
    //检测SD卡是否已经插入主控器
  }
   Brain.SDcard.savefile("hello.txt", buffer, 12);
   Brain.SDcard.appendfile("hello.txt", buffer1,9);
   Brain.SDcard.loadfile("hello.txt", buffer2, 23);
   Brain.Screen.clearScreen();

  for (int i = 0; i < 24; i++) {                  //输出buffer2[i]数组的值
   Brain.Screen.print( “%c” , buffer2[i]);
 }
}
```

注意： 最后用for循环按字符输出字符数组，也可以直接用字符串输出函数来实现。Brain.Screen.print (“%s” ,buffer2);

【例2-3】 每100ms读取遥控器2号摇杆1次，保存到内存，记录10s，将结果保存到SD卡上，文件名“controller.txt”的文本文档中，然后再读取“controller.txt”的内容，并显示到主控器屏幕上。

程序：

```
uint8_t buffer[10] = {0};
uint8_t buffer2[500] = {0};

int main() {
  vexcodeInit();
  //检测SD卡是否已经插入主控器
{  while (!Brain.SDcard.isInserted())
    Brain.Screen.print( “Please insert the SD card” );
  }
  Brain.Screen.printAt(200, 100, "Begin!!!");     //提示准备读摇杆数据
  wait(2, sec);                                   //等待延时
  Brain.Screen.clearScreen();
  Brain.resetTimer(); //复位定时器
  int i = 1;                                      //定义换行计数器变量
  while (Brain.timer(sec) < 10) {                 //当计时器小于10s时，执行以下程序
    //读取摇杆Axis2的值，通过sprintf()函数格式化为"%4d, "形式，存在字符数组buffer中
    sprintf((char *)buffer, "%4d,", (int)Controller1.Axis2.value());
    //读取摇杆Axis2的值，通过sprintf()函数格式化为"%4d,"形式，并将其添加到从buffer2中
    //读取的字符串后面，合并为一个字符串再覆盖存储到字符数组buffer2中
    sprintf((char *)buffer2, "%s%4d,", buffer2, (int)Controller1.Axis2.value());
    if (i % 9 == 0) //每累计9次，光标换到下一行
      Brain.Screen.newLine();
```

```
    Brain.Screen.print("%s", buffer);                //打印buffer中的字符串到屏幕上
    i++; //计数器加一
    wait(100, msec);                                 //延时100ms
  }
  Brain.Screen.clearScreen();
  Brain.Screen.printAt(180, 100, "End Read!" );

  //将buffer2中的字符存储到新建的文本文件中
  Brain.SDcard.savefile("controler.txt", buffer2, 500);

  Brain.Screen.clearScreen(blue);                    //清屏为蓝色
  Brain.Screen.setFillColor(blue);                   //填充颜色设为蓝色
  Brain.Screen.setCursor(1, 1);                      //光标移到左上角第1行第1列处

  //读取文件中的字符，并将其存储到buffer2中
  Brain.SDcard.loadfile("controler.txt", buffer2, 500);

  //将buffer2中的字符顺序打印到控制器屏幕上
  for (int i = 1; i < 500; i++) {
    Brain.Screen.print("%c", buffer2[i]);            //打印第i个字符
    if ((i % 45) == 0)                               //每打印45个字符换一行
      Brain.Screen.newLine();
  }
  wait(200, msec);
}
```

注意：程序的难点是运用sprintf()操作字符数组和字符串。首先要理解或复习C/C++标准库中printf()函数格式化输出的用法。其实VEXcode V5 Text中的print()函数功能和printf()几乎一样，只是受屏幕硬件限制，例如，不能通过换行字符‘\n’等实现换行。而sprintf()和printf()的区别是，printf()将字符串打印到屏幕上，sprintf()将字符串存储到它的第一个参数指定的字符数组中。具体使用方法请查阅相关文档资料。

第三章

VEXcode V5 Text编程基础

著名计算机科学家沃恩（Nikiklaus Wirth）曾经提出了一个非常著名的公式：数据结构+算法=程序。数据结构是指程序中对数据的具体描述及数据的组织形式，它包括数据的类型和数据的组织形式；而算法是指程序中具体的操作步骤，它处理的对象是数据，而数据是以某种特定的形式存在（如整数、实数、字符数等）于程序中，因而算法处理的对象实际上是各种不同的数据类型。

算法可以说是程序的“灵魂”，数据结构是程序的加工对象，在处理同一类问题时，如果数据结构不同，算法也不同。因而在考虑算法时，必须注意合理地选择数据结构。通常在处理复杂问题时，应当综合考虑数据结构和算法，选择最优的数据结构及算法。

程序用计算机程序设计语言实现。VEXcode V5 Text是由卡内基梅隆大学机器人学院联合Robomatter专门为VEX硬件平台开发的基于C++语言的机器人开发环境，它满足C++语言的语法。在编程的时候应该遵循C++语言的语法规则。同时C++语言兼容C语言，因此在VEXcode V5 Text中可以同时使用C++和C语言编程。

虽然C++包含的功能用法异常丰富、烦琐，但不用担心和畏惧，在VEXcode V5 Text中编程只需要掌握较少的几种语法规则和用法，就可完成优秀的VEX程序设计。接下来我们就来介绍使用VEXcode V5 Text编程需要掌握的基础概念知识和C++语言的基本语法。

一、预备知识

1. VEXcode V5 Text工程文件管理

VEXcode V5 Text集成开发环境（IDE）中使用C++语言编程，通常在一个C++程序中，包含两种文件类型：.cpp文件和.h文件。其中.cpp文件被称作C++源文件，里面放的是C++源代码；而.h文件则被称作C++头文件，里面放的也是C++源代码，取自head的第一个字母。一般来讲，头文件中用来做函数文件声明。

.h文件是头文件，内含函数声明、宏定义、结构体定义等内容。

.cpp文件是程序文件，内含函数实现，变量定义等内容。

通过VEXcode V5 Text编程界面左侧纵栏的工程文件管理器可查看当前工程下的文件目录，如图3-1所示。新建的工程模板中都会包含两个文件夹include和src，include表示“包含”的意思，用于存放工程自定义的头文件，模板中建有robot-config.h和vex.h两个头文件；src表示“源（source）”的意思，用于存放工程自定义的头文件，模板中建有robot-config.cpp和main.cpp两个源文件。单击include或src可以展开或隐藏对应文件夹下的文件（见图3-1）。单击管理器中的文件名可以在右侧编辑区中打开对应的文件。

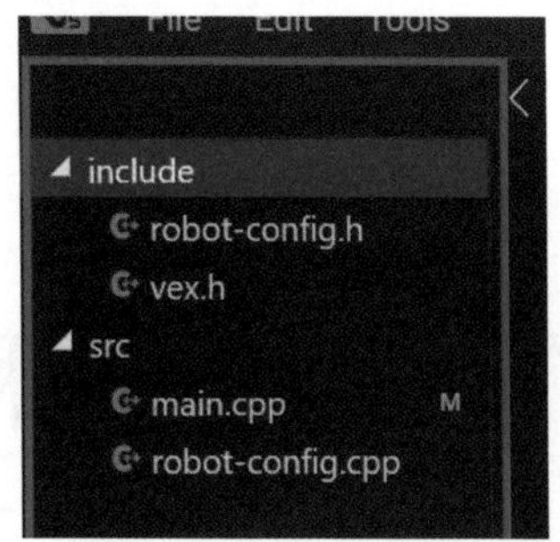

图3-1　工程文件管理器窗口

打开工程文件夹在计算机中的位置，也可看到include和src两个文件夹，里面存有对应的头文件和源文件，其他为工程中间文件。当需要拷贝工程时，至少要保存include和src两个文件夹，但建议对整个工程文件夹进行拷贝。这样双击.v5code文件时，就可直接打开相应的工程。工程文件夹中的文件目录如图3-2所示。

脑 › 本地磁盘 (D:) › VexCode › Projects › HelloV5

名称	修改日期	类型
include	2020/2/10/周一 16:04	文件夹
src	2020/2/10/周一 16:04	文件夹
vex	2020/2/10/周一 16:04	文件夹
.gitignore	2020/2/10/周一 16:04	Git Ignore 源文件
compile_commands.json	2020/2/10/周一 16:04	JSON 文件
HelloV5.v5code	2020/2/10/周一 16:04	V5CODE 文件
makefile	2020/2/10/周一 16:04	文件

图3-2　工程文件夹中的文件目录

2. VEXcode V5 Text程序的一般组成

一般的VEXcode V5 Text程序组成并不复杂，程序代码文件主要包含源文件和头文件。程序源代码通常由主函数main()、注释、预编译指令、命名空间使用、变量声明、变量定义、函数声明、函数定义、类对象声明和创建等模块组成。在工程模板中的位置如图3-3至图3-6所示，下面我们将对它们进行简单的介绍和说明，更详细的使用方法会在本书后续章节逐步展开。

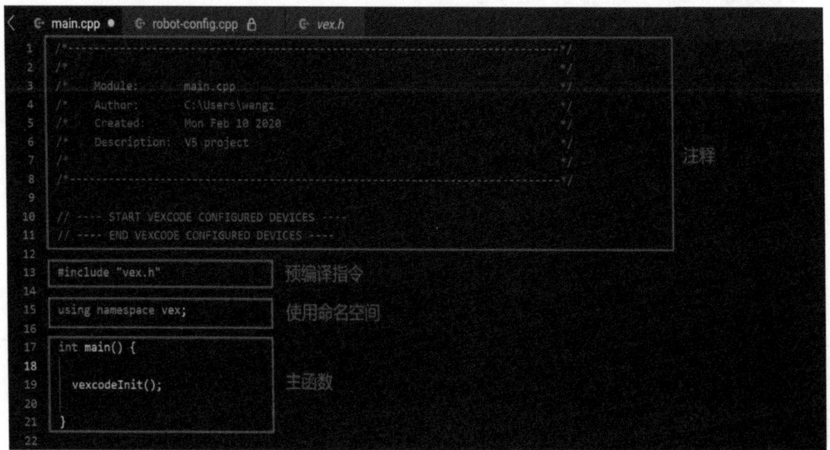

图3-3　main.cpp代码的组成

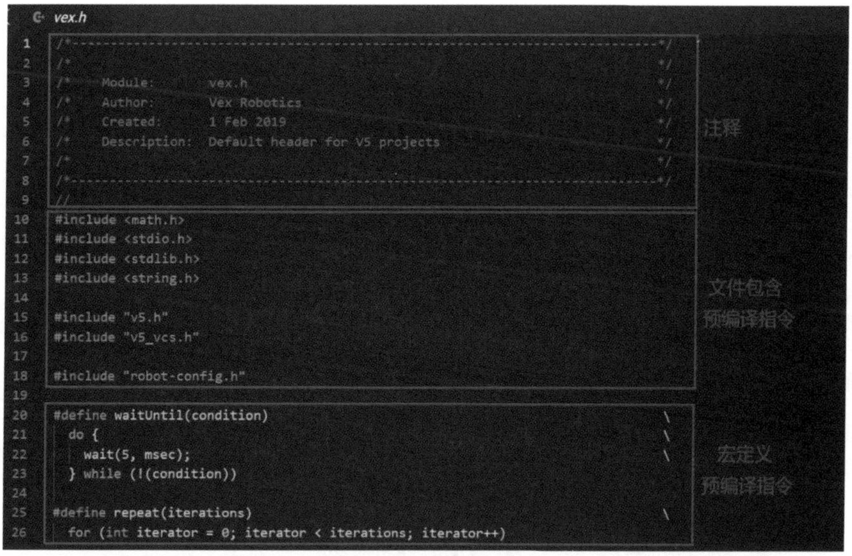

```
vex.h
/*----------------------------------------------------------------------------*/
/*                                                                            */
/*    Module:       vex.h                                                     */
/*    Author:       Vex Robotics                                              */
/*    Created:      1 Feb 2019                                                */
/*    Description:  Default header for V5 projects                            */
/*                                                                            */
/*----------------------------------------------------------------------------*/
//
#include <math.h>
#include <stdio.h>
#include <stdlib.h>
#include <string.h>

#include "v5.h"
#include "v5_vcs.h"

#include "robot-config.h"

#define waitUntil(condition)                                                   \
  do {                                                                         \
    wait(5, msec);                                                             \
  } while (!(condition))

#define repeat(iterations)                                                     \
  for (int iterator = 0; iterator < iterations; iterator++)
```

注释

文件包含
预编译指令

宏定义
预编译指令

图3-4 vex.h 代码组成分析

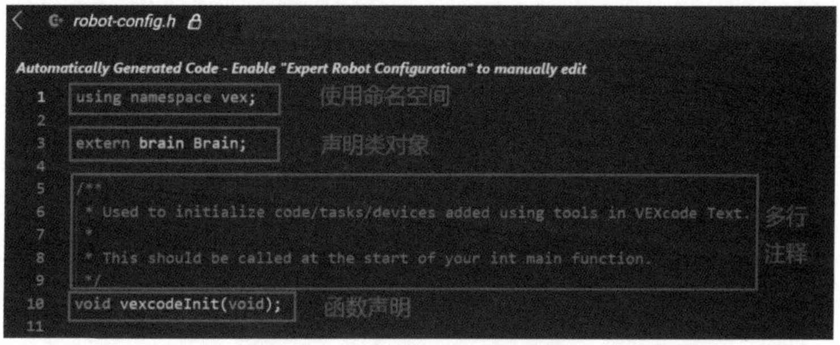

```
robot-config.h
Automatically Generated Code - Enable "Expert Robot Configuration" to manually edit
using namespace vex;

extern brain Brain;

/**
 * Used to initialize code/tasks/devices added using tools in VEXcode Text.
 *
 * This should be called at the start of your int main function.
 */
void vexcodeInit(void);
```

使用命名空间

声明类对象

多行
注释

函数声明

图3-5 robot-config.h 代码组成分析

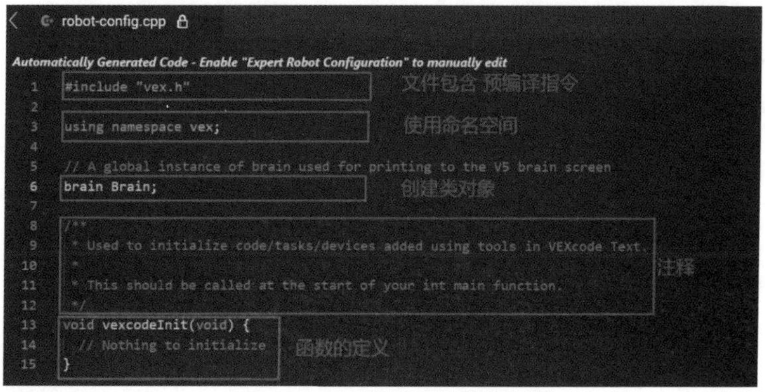

```
robot-config.cpp
Automatically Generated Code - Enable "Expert Robot Configuration" to manually edit
#include "vex.h"

using namespace vex;

// A global instance of brain used for printing to the V5 brain screen
brain Brain;

/**
 * Used to initialize code/tasks/devices added using tools in VEXcode Text.
 *
 * This should be called at the start of your int main function.
 */
void vexcodeInit(void) {
  // Nothing to initialize
}
```

文件包含 预编译指令

使用命名空间

创建类对象

注释

函数的定义

图3-6 robot-config.cpp 代码组成分析

（1）main( )函数

main( )函数，即主函数，在一个C++程序中，这里指一个VEXcode V5 Text工程，有且只能有一个，放在源文件中，是程序下载到主控器中运行时的唯一入口。在VEXcode V5 Text工程中，main( )函数自动生成并位于源文件main.cpp中，如图3-3所示。去掉修饰后，工程模板中完整的main( )函数基本结构如下：

```
int main() {
  语句;
}
```

上面几行代码表明了一个名为main的函数，并描述了其行为。这几行代码构成了函数定义。该定义由两部分组成：第一行“int main( )”叫函数头，大括号“{ }”及其包含的部分叫函数体。函数头一般由函数类型、函数名、形参列表构成。比如主函数的函数类型为int，函数名为main，形参列表( )为空。函数体由语句构成，C++中一条完整的指令称为语句，以英文分号结束。比如工程模板中，函数体只有vexcodeInit();一条语句，表示VEXcode V5 Text程序初始化（Initialization）。

VEXcode V5 Text编程提示：C++源代码，除注释外，只接受英文字符，编程时一定要将输入法切换为英文输入法，并格外注意标点符号格式。C++编程区分字母大小写，main不能写为Main、MAIN等。

（2）注释

注释在程序中的作用是对程序进行注解和说明，便于阅读。编译系统在对源程序进行编译时会去除注释部分，因此注释对于程序的功能实现不起任何作用，也不影响最终产生可执行程序的大小。适当地使用注释，能够提高程序的可读性，是一种良好的编程习惯。

C++延续了C语言的注释方法，有两种方式。一种以“//”开头，注释的内容为其所在行，用于单行注释。另一种以“/*”开始，以“*/”结束，注释的内容为其中间的所有字符，通常用于多行注释。“/*”和“*/”必须配对，且“/*”只与其后第一个“*/”配对。VEXcode V5 Text中的注释文字默认使用绿色表示，如图3-3至图3-6所示。

（3）预处理指令

在VEXcode V5 Text中编程最基本的几个步骤是编写代码，编译代码生成可执行程序，下载可执行程序到主控器中，运行调试程序。当电脑没有连接主控器时，只能编译代码；而连接时，编译代码后会自动将程序下载到主控器中。前面提到程序的运行是在主控器中进行的，入口是主函数main()，而编译代码是在电脑VEXcode V5 Text IDE中进行的，从主函数所在源文件的第一个字符开始。如图3-3所示，编译时首先检测到main.cpp中的注释，编译器会忽略跳过，继而检测到第一个指令#include “vex.h”，这个指令即为预编译指令。之所以称为预编译指令是因为该指令在编译正式开始前完成。

C++中预编译指令以#开头，VEXcode V5 Text工程模板中有两种预编译指令，分别是#include文件包含指令和#define宏定义指令。

文件包含指令的作用是直接将所指示的文件拷贝并插入该处。如#include “vex.h”是将vex.h中的代码插入到此处。头文件vex.h中#include <math.h>，如图3-4所示，是将math.h中的代码插入到对应位置。“ ”和< >的区别是< >用于包含C和C++自带库头文件，“ ”用于包含自定义头文件，如v5.h、vex.h、robot-config.h就是VEXcode V5 Text工程自建的头文件。

宏定义指令的作用是所在源文件的代码替换。如图3-4所示。

```
#define repeat(iterations)
for (int iterator = 0; iterator < iterations; iterator++)
```

因为该指令在vex.h中，并通过#include指令插入到了main.cpp源文件，所以该指令之后，在main.cpp文件中遇到代码repeat(iterations)，就会被替换成for (int …)。repeat( )括号中的iterations是宏参数，可变。如main.cpp后面出现repeat(5)，代码会被替换成for (int iterator = 0; iterator < 5; iterator++)。

该指令的优点是只需要在#define一处修改即可实现文件中所有代码的替换。如宏定义#define PI 3.14，文件后面多处使用了PI，现在想将圆周率的精度提高两个小数点，只需修改#define PI 3.1416即可，不用修改多处。

VEXcode V5 Text编程提示：

a. 预编译指令代码只能写在一行中，结尾没有语句结束符分号“;”。

b. 预编译指令一行写不下时，可使用反斜杠“\”放在行尾，将多行连接起来。这里反斜杠的作用是忽略换行符。

（4）命名空间

using是C++中的一条编译指令。“using namespace vex;”表示使用vex命名空间，如图3-3所示。命名空间最基本的作用模块化，防止重名。可以将命名空间比喻成房子，房子中有很多种类家居，大多都有桌椅凳。当获得指令取桌子时，要告诉对方去哪个房间取。VEXcode V5 Text为v5 搭建了一间很大的“房子”，就是命名空间namespace vex。更形象地说vex命名空间定义了一个规则空间，里面有各种v5器件，如主控器、遥控器、电机、各类传感器等，这些器件怎么运行，距离、时间、运动单位有哪些等。

不使用“using namespace vex;”指令时，每次引用该命名空间的静态变量时都要使用域解析运算符“::”，如引用主控器10号端口的代码为vex::PORT10，“vex::”不可省略，反之则可以。需要注意的是该指令以分号“;”结尾。工程模板中多次出现使用vex命名空间的指令语句，如图3-3、图3-5和图3-6所示。根据文件包含预编译指令的作用可分析出，只需要保留robot-config.h中的语句即可，因为它插入文件后最靠前、最先起作用。

（5）类对象声明及创建

C++是面向对象的编程语言，和面向过程的C语言最大的不同是可以定义类，类实例化为对象。在VEX V5中，命名空间vex中包含各种“类”，如主控器、遥控器、电机等。它们是具有相似属性、行为或功能对象的抽象集合，如主控器都具有显示屏的显示和触摸等功能，有检测电池电量和读写SDCard等功能。VEX V5主控器被定义成了brain类。类的实例化，即创建对象，如图3-6所示，brain Brian，即实例化brain类，创建一个具体的对象Brian。Brian即代表连接的主控器，对象可命名为自己喜欢的名字，如Brian1。对象要在源文件中定义，指定类的类型和对象名。

头文件robot-config.h中的extern brain Brian，如图3-5所示，表示对象的声明。通过关键词“extern”表示brain类对象Brian在其他源文件中已经定义了，在此处告诉编译器，名字“Brian”存在，别报错。

（6）函数的定义和声明

工程模板中定义了两个函数，前面介绍了main()函数，还有VEXcode V5 Text初始化函数vexcodeInit()。该函数在robot-config.cpp中定义，如图3-6所示；在robot-config.h中声明，如图3-5所示；在main.cpp中引用，如图3-3所示。函数定义、声明和引用在后面章节会详细介绍。

二、常量与变量

常量和变量是VEXcode V5 Text中的两种重要的数据组织形式。

1. 常量

在程序的执行过程中，值不能被改变的量称为常量。它们可以和数据类型结合起来分类。如整型常量、浮点型常量、字符常量等。

（1）常量的命名规则

a. 必须以字母或“_”（下划线）开头，后面可以接字母、数字和下划线。

b. 不能包含除“_”以外的任何特殊字符（如空白字符）。

c. 保留字具有特殊意义，不能用作变量名。

d. VEXcode V5 Text语言严格区分大小写。

e. 常量都是以大写字母表示。

f. 常量类型前加const。

（2）常量和符号常量

a. 整型常量(如123、0123、0x123为整型常量)

b. 实型常量(如-1.23、1.2345为实型常量)

c. 字符型常量(如‘a’‘0’‘\n’为字符型常量)

d. 字符串常量(如“abc”“xyz”为字符串常量)

e. 符号常量：用一个标识符来代表常量，称为符号常量或宏，符号常量习惯用大写字母。使用符号常量有很多优点：含义清楚，见名知意，方便修改，一改全改，如图3-7所示。

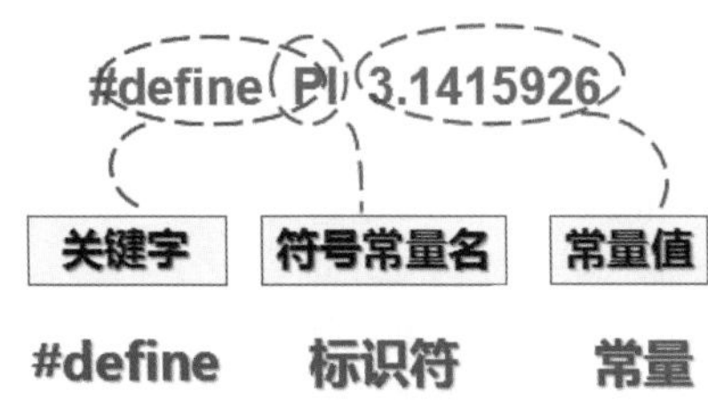

图3-7 符号常量

【例3-1】定义一个整数常量并输出这个整数常量。

```
int main()
{
  const int X=555;
  Brain.Screen.printAt( 50, 50, " %d",X );
  //这是系统规定的输出函数特有的格式，表示在（50,50）位置输出X
}
```

程序运行结果（见图3-8）：

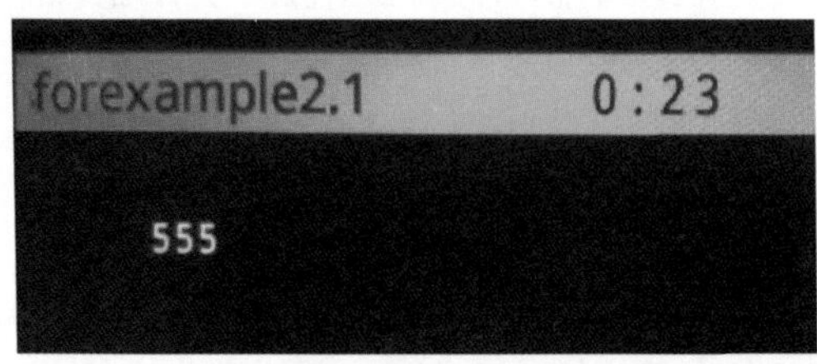

图3-8 输出结果

说明：

（1）虽然VEXcode V5 Text是基于C++语言的语法的，但是VEXcode V5 Text也具有其独有的函数和格式，如输出函数。VEXcode V5 Text是通过主控器的LCD显示屏对数据进行输出的，因此拥有其独有的函数，在本例中运用Brain.Screen.print()来进行输出数字，语句Brain.Screen.printAt(50, 50, "%d" ,X)表示在控制器屏幕上的水平坐标是50、垂直坐标是50的位置开始显示"X"的数值，"%d"类型控制符，表示输出的是一个整数类型，"X"表示要输出的对象，用逗号分隔。

（2）每个程序必须有一个主函数int main。{ }是函数开始和结束的标志，不可省。每个C++语句以分号结束。

（3）"//"表示注释。注释只是给人看的，对编译和运行不起作用，用英文字符表示，它可以出现在一行中的最左侧，也可以单独成为一行。可用/*-------*/ 来注释多行内容。注释语句在编写程序过程中非常重要，有利于人们更好地理解程序。

（4）程序中用const指令行定义DIS代表常量555，此后凡在本文件中出现的DIS都代表555可以和常量一样进行运算。如再用赋值语句给DIS赋值是错误的。

例如：DIS=40;　//错误，不能给整数常量赋值。

2. 变量

在程序的执行过程中，其值在其作用域内可以改变的量称为变量。变量代表内存中具有特定属性的一个存储单元，它用来存储数据，这就是变量的值，在程序运行期间，这些值是可以改变的。变量名实际上是以一个名字对应代表的一个地址，在对程序编译连接时由编译系统给每一个变量名分配对应的内存地址。从变量中取值，实际上是通过变量名找到相应的内存地址，从该存储单元中读取数据。

变量依据其定义的类型，分为不同类型，如整型变量、字符型变量、浮点型变量、指针型变量等。变量的命名规则如下所示。

（1）可以由字母、数字和"_"（下划线）组合而成。

（2）必须以字母或"_"（下划线）开头，后面可以接字母、数字和下划线。

（3）不能包含除"_"以外的任何特殊字符（如空白字符）。

（4）保留字具有特殊意义，不能用作变量名。

（5）VEXcode V5 Text语言严格区分大小写。

（6）变量名一般习惯使用小写字母表示。

（7）命名变量应尽量做到"见名知意"。

如：name ,age ,address,userInfo。

在VEXcode所编写的应用程序中，变量可以随时定义、随时使用，如图3-9所示。

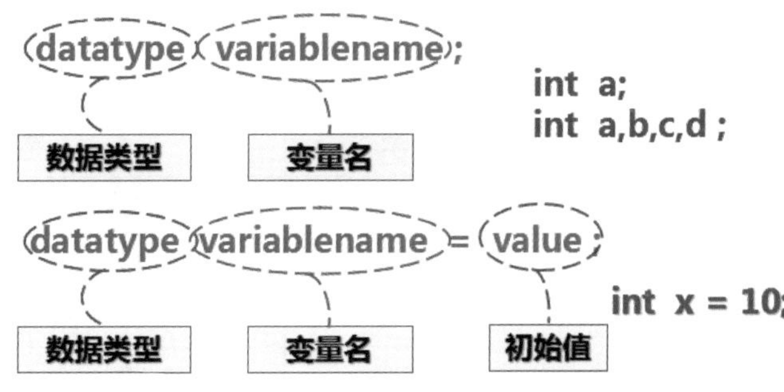

图3-9　变量声明

三、VEXcode V5 Text基本数据类型

在VEXcode V5 Text中，数据是以某种特定的形式存在的（如整数、实数、字符、布尔等形式）。数据结构通常是以数据类型的形式出现的，具体数据类型如图3-10所示。

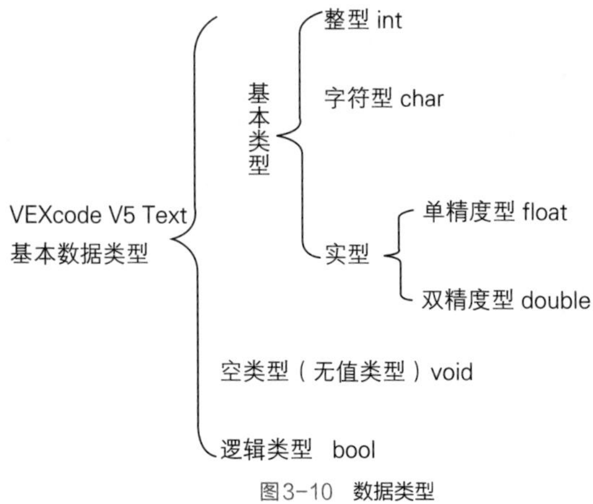

图3-10 数据类型

数据类型的差别：

C++中新增加的逻辑类型：布尔类型，用于判断真假，真为true，假为false。

初始化方法比较：

C++中的初始化方法int x=1024，C++除此之外可以直接int x（1024）。

随时定义：

C语言中的变量一定要定义在函数体的最前面，而C++随用随定义。

C语言的I/O方式：

C语言输入“scanf 变量”，输出“printf 变量”。

C++语言输入“cin>>x”，输出“cout<<x<<endl”。

VEXCODE V5 TEXT不支持键盘输入，但是可以读取SD卡和传感器数据，可以输出到主控器和遥控器的LCD上。使用“对象.Screen.printAt(50, 50,‘%d’, 变量名)”。

1. 整型数据

C++整型数据的类型说明符、字节长度和数的取值范围如表3-1所示。

表3-1 整型数据说明

名称	类型说明符	字节	范围
整型	int	4	–2,147,483,648 ~ 2,147,483,647
无符号整型	unsigned int	4	0 ~ 4,294,967,295
短整型	short int	2	–32,768~ 32,767
无符号短整型	unsigned short int	2	0~65,535
长整型	long int	4	–2,147,483,648 ~ 2,147,483,647
无符号长整型	unsigned long int	4	0 ~ 4,294,967,295

在VEXcode V5 Text中，整型数据是程序中不可缺少的元素，因此在运用时必须注意数据的取值范围，这样运用数据时才不会报错。

【例3-2】在VEXcode V5 Text环境中编写输出整型常量。

程序：

```
int main()
 {
        Brain.Screen.printAt( 50, 50, " 6" );
        //这是系统规定的输出函数特有的格式，表示在（50,50）位置输出6
  }
```

程序运行结果见图3-11：

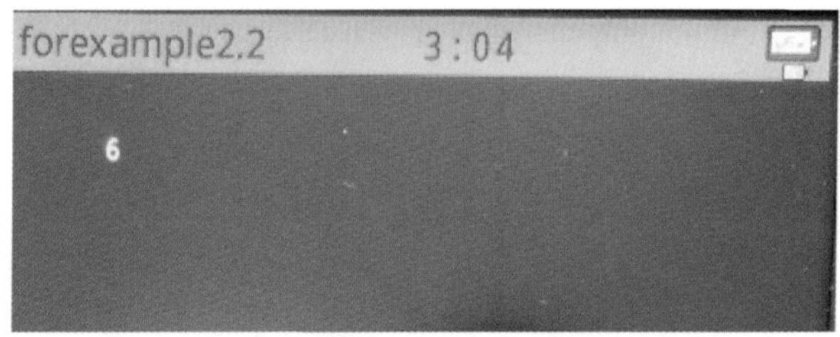

图3-11　运行结果

【例3-3】整型数据的范围是–2,147,483,648 ~ 2,147,483,647，观察当超出整型数据的范围时会出现什么情况?

```
int main()
{
        int X=2147483647;
        int Y;
        Y=X+1;
        Brain.Screen.printAt( 50, 50, " %d",Y );
        this_thread::sleep_for(10); // 调用系统自带线程，延时10ms
}
```

程序运行结果见图3-12：

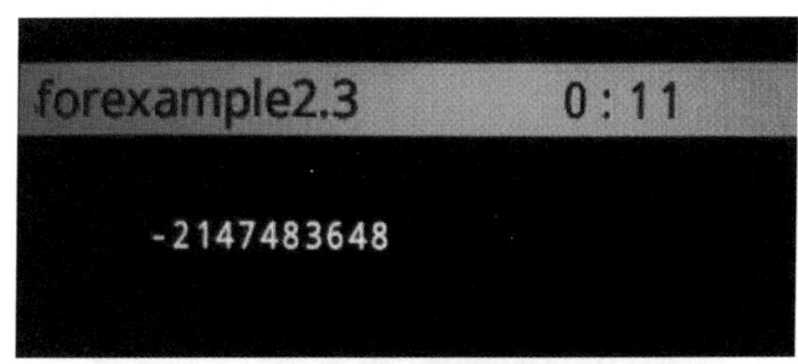

图3-12　程序运行结果

从程序运行结果来看，输出的数据非正确值，因为输出值超过了整型数据范围，系统会随机返回某值。再次强调在使用数据时，一定要关注数据的范围，包括在定义的时候，如果当用户的输入数据超出范围时，VEXcode V5 Text会自动提醒用户出错，并指出警告问题，如图3-13所示：

```
int main()
{
        int X=2147483648;
        int Y;
        Y=X+1;
        Brain.Screen.printAt( 50, 50, " %d",Y );
        this_thread::sleep_for(10);
}
```

Output (753)　Problems (1)　Terminal (8)

main.cpp

⚠ implicit conversion from 'long long' to 'int' changes value from 2147483648 to -2147483648 (19, 15)

图3-13　调试提示

2. 字符型数据

在C++语言中，用于表达和处理字符的数据称为字符型数据。字符型数据有字符常量和字符变量之分。

（1）字符常量

字符型常量是一个用单撇号括起来的字符。如‘a’‘A’‘%’‘@’等。

注意： 在C++语言中，字符常量有以下特点。

字符常量只能用单引号括起来，不能用双引号或其他括号。

字符常量只能是单个字符，不能是字符串。

字符可以是字符集中的任意字符。

【例3-4】在VEXcode V5 Text环境中编写输出字符常量H。

程序：

```
int main(){
  const char CH=’H’;//定义字符常量CH
Brain.Screen.printAt( 50, 50, “ %c”,CH );
//这是系统输出函数特有的格式，表示在（50,50）位置输出字符变量CH的值 H
}
```

程序运行结果如图3-14所示：

图3-14　程序运行结果

（2）字符变量

字符变量是用来存储字符常量的，在内存中一个字符占一个字节。在C++语言中，可将字符变量分为有符号字符变量（char）和无符号字符变量（unsigned char）。将一个字符常量存入字符变量中，实际是将该字符的ASCII码存入存储单元中，与整数的存储形式类似，因此一个字符数据既可以字符形式输出，也可以整数形式输出。字符数据的字节长度和数的取值范围如表3-2所示。

表3-2 字符变量说明

数据类型	字符长度	范围
char	1	-128~127
unsigned char	1	0~255

【例3-5】在VEXcode V5 Text环境中编写输出字符变量character。

程序：

```
int main()
{
    char character;
    character='C';
    Brain.Screen.printAt( 50, 50, "%s" ,character);
}
```

程序运行结果如图3-15所示：

图3-15 程序运行结果

注意： 此时输出‘C’字符时，使用%s会出错，因为传%s传char*类型参数，输出到\0为止。若要输出一个字符，使用%c传char类型。

修改后的程序运行结果如图3-16所示：

```
int main()
{
    char character;
    character='C';
    Brain.Screen.printAt( 50, 50, "%c" ,character);
}
```

图3-16 程序运行结果

3. 实型数据

实型数据也称为浮点型数据。例如：3.14,-8.9等带有小数部分的数值数据就称为浮点数；其范围说明如表3-3所示。

表3-3 实型数据说明

数据类型	字节数	有效数字	范围
float	4	6或7	$-3.4*10^{-37}$~$3.4*10^{38}$
double	8	15或16	$-1.7*10^{-307}$~$1.7*10^{308}$
long double	16	18或19	$-1.2*10^{-4931}$~$1.2*10^{4932}$

由于在编程的过程中，我们需要浮点型数据来保持精度，VEXcode V5 Text中的输出函数可输出浮点型，但要注意输出浮点型的格式化规定符。

【例3-6】在VEXcode V5 Text环境中编写输出浮点类型数据float。

```
int main()
{
    float x=3.15;
    Brain.Screen.printAt( 50, 50, “ float: %f” ,x);
}
```

程序运行结果如图3-17所示：

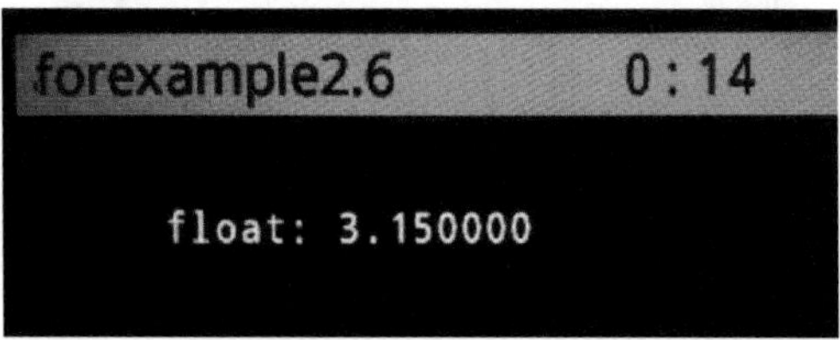

图3-17 程序运行结果

格式化规定符：

%d	十进制有符号整数
%u	十进制无符号整数
%f	浮点数
%s	字符串
%c	单个字符
%p	指针的值
%e	指数形式的浮点数
%x, %X	无符号以十六进制表示的整数
%0	无符号以八进制表示的整数
%g	自动选择合适的表示法

四、算术运算符和算术表达式

1. VEXcode V5 Text语言运算符

语言运算符

- 算术运算符:(+ − * / % ++ −−)
- 关系运算符:(< <= == > >= !=)
- 逻辑运算符:(! && ||)
- 位运算符 :(<< >> ~ | ^ &)
- 赋值运算符:(= 及其扩展)
- 条件运算符:(?:)
- 逗号运算符:(,)
- 指针运算符:(* &)
- 求字节数 :(sizeof)
- 强制类型转换:(类型)
- 分量运算符:(. −>)
- 下标运算符:([])
- 其他:(( ) −)

2. 算术运算符和算术表达式

VEXcode V5 Text提供了丰富的运算符，用运算符将运算对象连接起来形成的式子称为运算表达式，简称表达式。

（1）基本的算术运算符

a. 加法运算符或正值运算符“+”，即有两个量参与加法运算，如3+5，a+b等;

b. 减法运算符或负值运算符“−”。“−”也可以作为负值运算符，如−3、−x等;

c. 乘法运算符“*”如3*5等;

d. 除法运算符“/”，如5/3等;

e. 模运算符或称求余运算符“%”，“%”两侧均应为整型数据，舍去小数。如果运算中有一个是实型，则结果为双精度实型。如7%4的值为3；加减乘除以及模运算符为双目运算符，即应有两个变量参与运算；正值和负值运算符为单目运算符。

（2）赋值运算符和赋值表达式

a. 赋值运算符

赋值运算符为“=”，由它连接的式子称为赋值表达式。其形式为：变量=表达式。赋值表达式的功能是计算赋值运算符右边表达式的值再赋予左边的变量，确切地说，是把表达式的值放入以该变量为标识的存储单元。经过赋值后，变量就具有一个指定的值，赋值表达式虽然简单但却有广泛的用途。

例如：x=8，即是赋值语句。

b. 复合赋值运算符

在赋值运算符“=”前加上其他双目运算符可构成复合赋值运算符，如+=，−=，*=，/=，%=。复合赋值运算符的优先级与简单赋值运算符的优先级相同，且结合方向也一致，均为从右往左。

n+=1等价于n=n+1。

a/=b−1 等价于 a=a/(b−1) /* 运算符 “−” 的优先级高于复合赋值运算符 “/=” */。

x*=y + z 等价于 x=x*(y + z) /* 运算符 “+” 的优先级高于复合赋值运算符 “*=” */。

num%=p 等价于 num=num%p。

【例3–7】 编写一个程序求出 Y=(1/3)+(7/3)+(8%3)+13/6。

```
int main()
{
    int Y;
    Y=(1/3)+(7/3)+(8%3)+13/6;
    Brain.Screen.printAt( 100, 50, " Y= %d" ,Y);
}
```

程序运行结果如图3–18所示：

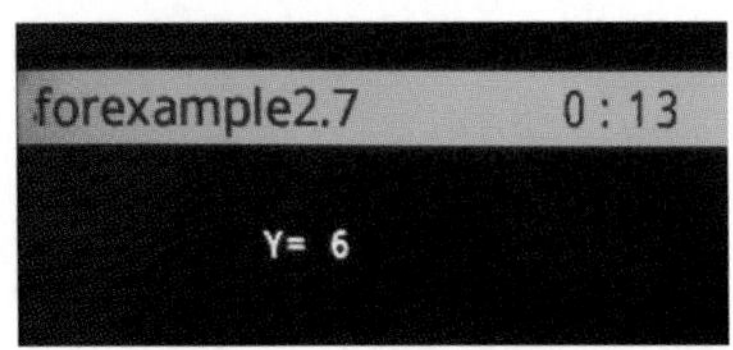

图3–18 程序运行结果

（3）各类数值型数据间的混合运算

在VEXcode V5 Text中，整型、实型、字符型数据之间可以在同一表达式中进行混合运算。在进行运算时，不同类型的数据先要转换成同一类型的数据，然后再进行运算。数据的转换方式有两种，即自动转换和强制转换。

a. 自动转换。自动转换的规则有两点：一是低类型数据必须转换成高类型数据；二是赋值符号 “=” 右边的数据类型转换成左边的数据类型。具体转换规则如图3–19所示。

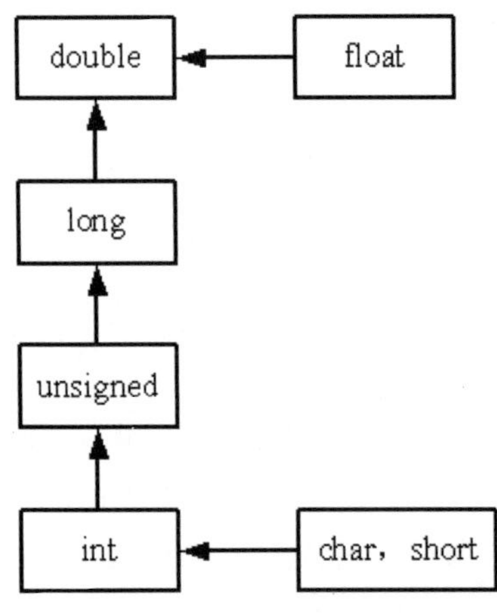

图3–19 自动转换规则

数据类型自动换转时需要注意以下几点。

图3–19中横向的箭头表示必定的转换。如字符数据char和短整型数据short必须先转换成整型数据int；实型数据float必须先转换成双精度型double，然后再进行各种运算。图3–19中纵向箭头表示当运算对象为不同数据类型时的转换方向。如某个int型数据和某个long型数据进行运算时，应先将int型转

换成long型，再进行运算，其结果是long型。

当进行赋值运算时，将赋值符号右边的类型转换成赋值符号左边的类型，其结果为赋值符号左边的类型。如果赋值符号右边为实型float，左边为整型int，转换时应去掉小数部分；如果右边是双整型double，左边是实型float，转换时应做四舍五入处理。

b. 强制转换。上面运算中数据类型的转换都是系统自动进行的，但有时设计者需要自己实现数据类型的转换，这种转换形式称为强制转换。其一般形式如下：

```
(数据类型名)(表达式)
```

其中，数据类型名表示待强制转换的类型；表达式表示强制转换的对象。

例如：(int)(x+y)

```
(int)x+y
(double)(3/2)
(int)3.6
```

说明：强制转换得到所需类型的中间变量，原变量类型不变。较高类型向较低类型转换时可能发生精度损失问题。

（4）自增、自减运算符

自增1运算符记为“++”，其功能是使变量的值自增1；自减1运算符记为“--”，其功能是使变量的值自减1。自增1、自减1运算符均为单目运算符，都具有右结合性，可有以下几种形式：

```
++i;//i 自增1后再参与其他运算。
--i; //i 自减1后再参与其他运算。
i++//i 参与运算后，i 的值再自增1。
i-- //i 参与运算后，i 的值再自减1。
```

【例3-8】自增、自减运算符的运用：在显示屏上分别显示i++、++i、j++、++j后的结果。

程序如下。

方法1：

```
int main()
{
    int i=2;
    int j=4;
    Brain.Screen.printAt( 80, 50, " i++: %d" ,i++);
    Brain.Screen.printAt( 90, 50, " ++i: %d" , ++i);
    Brain.Screen.printAt( 100, 50, " j++: %d" , j++);
    Brain.Screen.printAt( 110, 50, " ++j : %d" , ++j);
}
```

程序运行结果如图3-20所示。

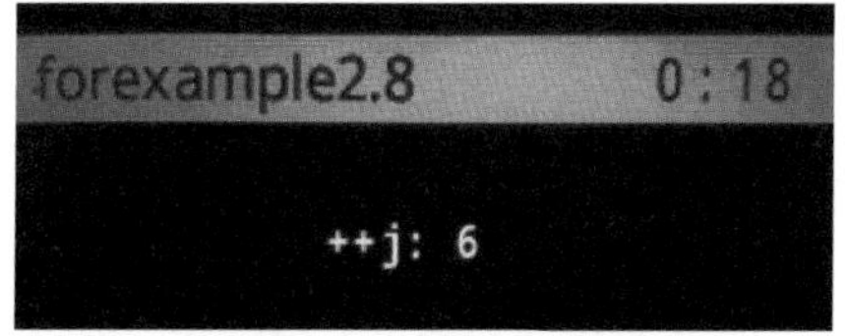

图3-20 程序运行结果

问题：

由上图可知运行后无法输出所有的内容，观察程序发现输出值的像素点的位置有重合，只显示最后一个值，其他值都被覆盖了，要想展示所有的内容需要根据显示内容设置不同的像素点位置。

修改：

```
int main()
{
    int i=2;
    int j=4;
    Brain.Screen.printAt( 20, 20, " i++: %d" ,i++);  // 输出到(20.20)像素点位置
    Brain.Screen.printAt( 40, 40, " ++i: %d" , ++i); // 输出到(40.40)像素点位置
    Brain.Screen.printAt( 60, 60, " j++: %d" , j++); // 输出到(60.60)像素点位置
    Brain.Screen.printAt( 80, 80, " ++j :%d" , ++j); // 输出到(80.80)像素点位置
}
```

程序运行结果如图3-21所示：

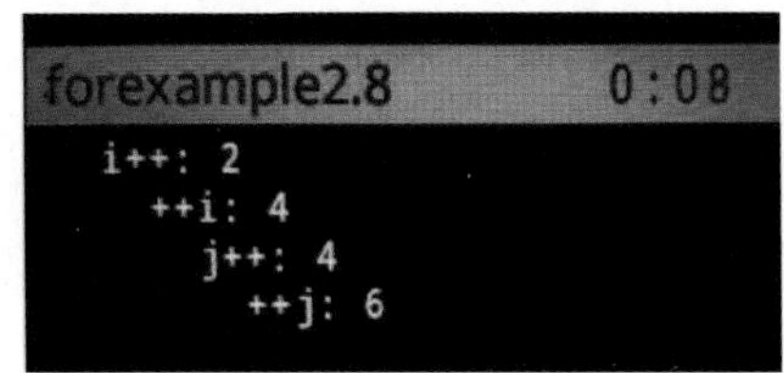

图3-21　程序运行结果

注意： Brain.Screen.printAt( )输出函数虽然可以实现想要呈现的内容，但是要想快速切换行和列，不够准确高效，下面可用另外一种方法直接定义输出内容所在行和列。

方法2：

```
int main()
{
    int i=2;
    int j=4;
    Brain.Screen.setCursor(1,10);    //  设置光标的位置在第1行第10列
    Brain.Screen.print("i++: %d",i++);
    Brain.Screen.setCursor(2,10);    //  设置光标的位置在第2行第10列
    Brain.Screen.print("++i: %d",++i);
    Brain.Screen.setCursor(3,10);    //  设置光标的位置在第3行第10列
    Brain.Screen.print("j++: %d",j++);
    Brain.Screen.setCursor(4,10);    //  设置光标的位置在第4行第10列
    Brain.Screen.print("++j: %d",++j);
}
```

程序运行结果如图3-22所示：

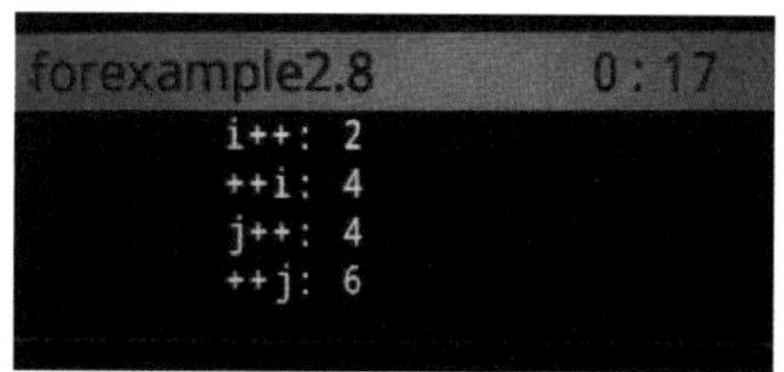

图3-22 优化运行结果

注意： 在运用i++和++i时，容易在理解和使用上出错，尤其是当出现较复杂的表达式或语句时，常常会混淆，因此要仔细分析。

---

3. 关系和逻辑运算符

（1）关系运算符和表达式

在C++语言中有以下关系运算符：<（小于）、<=（小于或等于）、>（大于）、>=（大于或等于）、==（等于）、!=（不等于）。

关系运算符是双目运算符，其结合性均为左结合。关系运算符的优先级低于算术运算符，高于赋值运算符。在6个关系运算符中，<、<=、>、>=的优先级相同，它高于==和!=，==和!=的优先级相同。

（2）关系表达式

关系表达式的一般形式如下：

关系式 关系运算符 表达式

例如，a+b>c-d，1+6*i==m+1都是合法的关系表达式。

（3）逻辑运算符和表达式

C++语言中提供了3种逻辑运算符：&&（与运算）、||（或运算）、!（非运算）。与运算符（&&）和或运算符（||）均为双目运算符，具有左结合性。非运算符（!）为单目运算符，具有右结合性。逻辑运算符和其他运算符优先级的关系如图3-23所示。

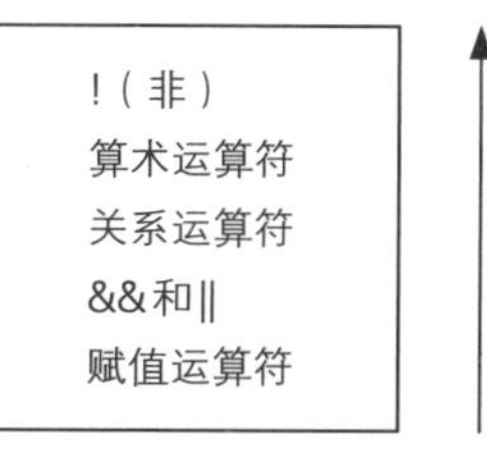

图3-23 优先级的关系

其中，!（非）的优先级最高。

按照运算符的优先顺序可以得出：

a>b&&c>d等价于(a>b)&&(c>d)。

!b==c||d<a等价于((!b)==c)||(d<a)。

a+b>c&&x+y<b等价于((a+b)>c)&&((x+y)<b)。

五、VEXcode V5 Text程序结构

1. 顺序结构

顺序结构指程序按语句的先后顺序依次执行，其执行就是从第一个可执行语句开始，一个语句接一个语句地依次执行，直到程序结束语句为止。并且需要注意的是在顺序结构中，每个程序语句都要运行一次，并且只能运行一次。顺序结构如图3-24所示，先执行A，再执行B。VEXcode V5 Text中也会经常使用到顺序结构，需要认真掌握。

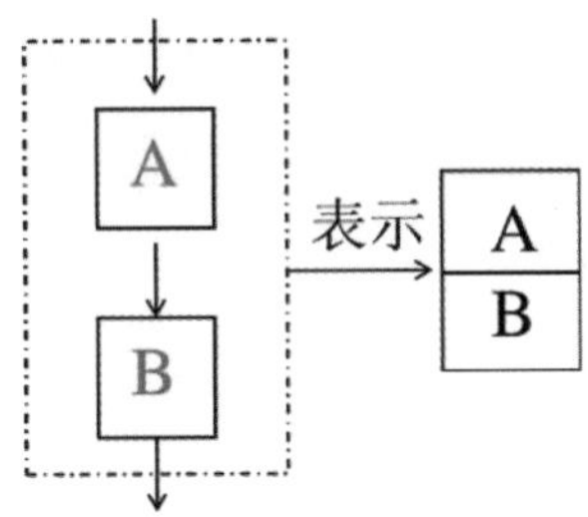

图3-24　顺序结构

【例3-9】已知圆的半径r = 10，试求圆的面积s= π r^2 并在显示屏上输出。

程序：

```
int main()
{
    float pi,r,S;
    r=10;
    pi=3.14;
    S=pi*r*r;
    Brain.Screen.printAt( 50, 50, " S=%f" , S);
}
```

程序运行结果如图3-25所示：

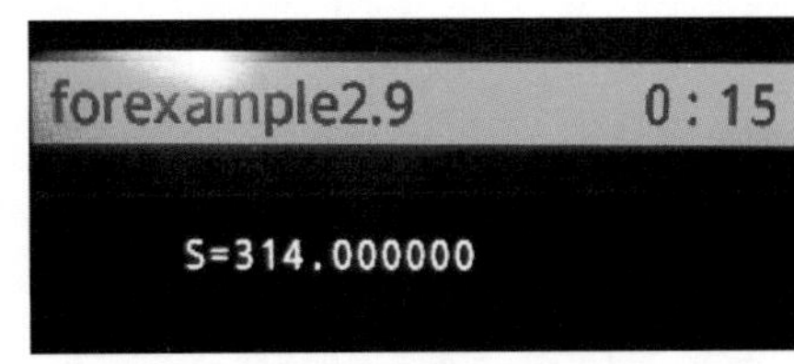

图3-25　程序运行结果

【例3-10】计算两个整数的和、差。

程序：

```
int main()
{
    int a,b,c,d;
    a=7;
```

```
    b=8;
    c=a+b;
    d=a-b;
  Brain.Screen.printAt( 50, 50, " a+b=%d" , c);
  Brain.Screen.printAt( 50, 60, " a-b=%d" , d);
 }
```

程序运行情况如图3-26所示:

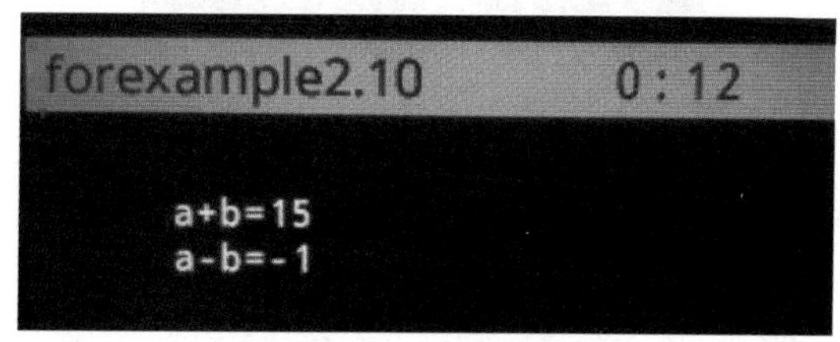

图3-26 程序运行结果

2. 选择结构

选择结构的作用:根据所指定的条件是否满足,决定从给定的操作中选择其一执行。在C++语言中选择结构是由if语句和switch语句实现的。正确使用选择结构,需要充分理解关系表达式和逻辑表达式。

if语句

if语句有三种形式:单分支选择if语句、双分支选择if语句、多分支选择if语句。

a. 单分支选择if语句

语句的一般形式如下。

```
if  (表达式)语句;
```

说明:if语句自动结合一个语句,当满足条件需要执行多个语句时,应用一对大括号{}将需要执行的多个语句括起,形成一个复合语句。if语句中表达式的形式很灵活,可以是常量、变量、任何类型表达式、函数、指针等。只要表达式的值非零,条件就为真,反之条件为假。

【例3-11】系统随机产生两个整数a和b,如果a大于b则交换两个数,最后输出交换后的两个数。

```
int main()
{
    srand(1);
    int x,y,z;
    x=rand();
    y=rand();
    if(x>y)
    {
        z=x;
        x=y;
        y=z;
    }
 Brain.Screen.printAt( 80, 50, " x=%d" , x);
 Brain.Screen.printAt( 80, 70, " y=%d" , y);
```

```
}
```

程序运行结果如图3-27所示：

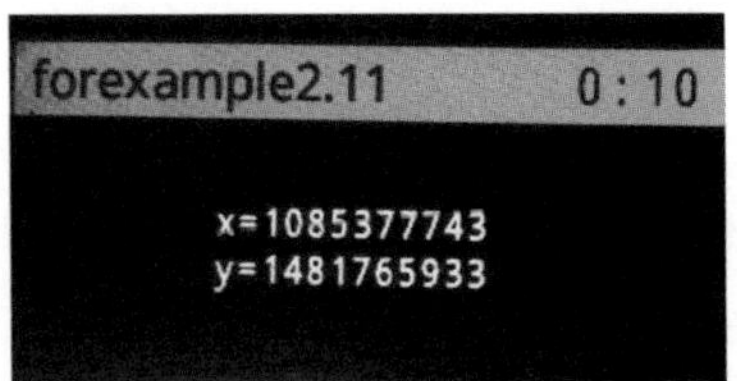

图3-27 程序运行结果

注意： rand ()；函数是产生随机数的函数，rand()不需要参数，它会返回一个从0到最大随机数的任意整数，最大随机数的大小通常是固定的一个大整数。如N= a + rand() % (b-a+1)；表示系统在 a ~ b 之间的产生一个随机数赋值给N。srand(unsignedint num)提供一个新的种子，通过改变无符号整数num的值，从而进一步“随机化”rand()的输出结果。

---

b. 双分支选择if语句

语句的一般形式如下：

```
if （表达式）
    语句1;
else
    语句2 ；
```

【例3-12】系统随机产生两个整数x和y，输出其中较大的数。

```
int main()
{
    srand(1);
    int x,y,max;
    x=rand ();
    y=rand ();
    if(x>y)
        max=x;
    else
        max=y;
    Brain.Screen.printAt( 60, 60, " max=%d" , max);
}
```

程序结果运行如图3-28所示：

forexample2.12 0:32

max=1481765933

图3-28 程序运行结果

当前的显示结果是没有设置数值范围的，默认在rand()函数中随机选择两个数字进行比较大小，输出较大的数字。若要选择在某范围之内随机输出该怎么办?

可进行如下设置：如果要产生1~10的10个整数，可以表达为：int n = 1+rand() % 10；利用取余计算符“%”来实现，“rand() % 10”的作用是生成一个随机整数，该整数整除10后的余数再加1，n的值就是一个1~10的随机数。

```
int main()
{
    srand(1);
    int x,y,max;
    x=1 + rand() % 100;
    y=1 + rand() % 100;
    if(x>y)
        max=x;
    else
        max=y;
    Brain.Screen.printAt( 60, 60, " max=%d" , max);
}
```

程序运行结果如图3-29所示：

图3-29 程序运行结果

注意： if和else语句之间只能有一个语句，当if和else之间的语句不只有一个时，应用一对{}将语句括起。

---

c. 多分支选择if语句

语句的一般形式如下：

```
if  (表达式1) 语句1;
    else  if  (表达式2) 语句2;
    ……
    else  if  (表达式n) 语句n;
    else   语句n+1;
```

注意： 当if语句中出现多个“if”与“else”的时候，要特别注意它们之间的匹配关系，否则就可能导致程序逻辑错误。“else”与“if”的匹配原则是“就近一致原则”，即“else”总是与它前面最近的“if”相匹配。

【例3-13】系统随机产生一个数字，判别该数字是几位数并在显示屏上输出。

程序：

```
int main()
```

```
{
    int c;
    srand(1);
    c=rand ()%1000;
    if(c>=0&&c<=9)
        Brain.Screen.printAt ( 60, 60, " %d is one-digit " ,c);
    else if(c>=10&&c<=99)
        Brain.Screen.printAt ( 60, 80, " %d is double-digit " ,c);
    else if(c>=100&&c<=999)
        Brain.Screen.printAt ( 60, 100, " %d is three-digit " ,c);
    else
        Brain.Screen.printAt ( 60, 120, " %d is four-digit " ,c);
}
```

程序运行结果如图3-30所示：

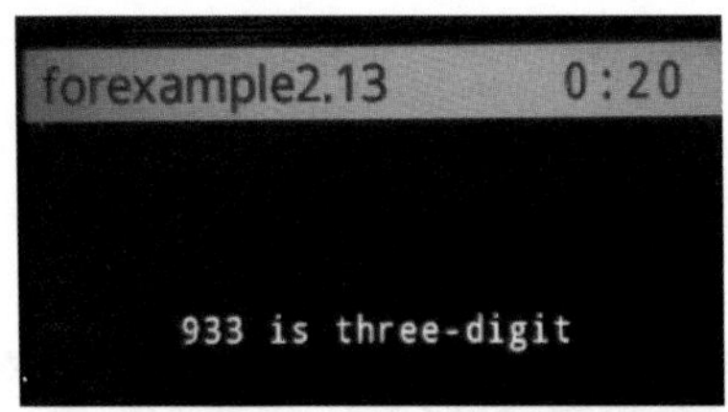

图3-30 程序运行结果

程序分析：该程序运行后，通过修改初始函数“srand ( )”的参数，可以得到不同的结果，大部分结果始终为3位数，这是因为使用了%1000的方法来取余，概率上的结果为899个3位数，90个两位数，10个1位数。

switch语句

switch语句是多分支语句，用来实现多分支选择结构。

语句的一般形式如下：

```
switch （表达式）
    {
    case  常量1:  语句1;
    case  常量2:  语句2;
    case  常量3:  语句3;
          .......
    case  常量n:  语句n;
    default : 语句n+1;
    }
```

注意：计算switch后面表达式的值，将该值与逐个case后的常量表达式的值相比较，当表达式的值与某个常量表达式的值相等时，就执行其后的语句，然后不再进行判断，继续执行后面所有case后的语句和default后的语句。如果表达式的值与所有case后的常量表达式均不相同时，则执行default后的语句。

在“switch”语句中，“case 常量表达式”只相当于一个语句标号，表达式的值和某标号相等则转

向该标号执行，但不能在执行完该标号的语句后自动跳出整个switch 语句，因此会继续执行所有后面语句的情况。为此，C++语言提供了一种break语句，其功能是可以跳出它所在的switch语句。

【例3-14】假设用0、1、2…6分别表示星期日至星期六。现系统随机产生一个数字，输出对应的星期几的英文单词。如果随机数为3，则输出“Wednesday”。

```
int main()
{
    int  n;
    srand(1);
    n=rand ()%7;
    switch(n)
    {
     case 0: Brain.Screen.printAt ( 60, 80, " Sunday " ,n); break;
     case 1: Brain.Screen.printAt ( 60, 80, " Monday " ,n); break;
     case 2: Brain.Screen.printAt ( 60, 80, " Tuesday " ,n); break;
     case 3: Brain.Screen.printAt ( 60, 80, " Wednesday " ,n); break;
     case 4: Brain.Screen.printAt ( 60, 80, " Thursday " ,n); break;
     case 5: Brain.Screen.printAt ( 60, 80, " Friday " ,n); break;
     case 6: Brain.Screen.printAt ( 60, 80, " Saturday " ,n); break;
     default: Brain.Screen.printAt ( 60, 80, " Error " ,n); break;
    }
}
```

程序运行结果如图3-31所示：

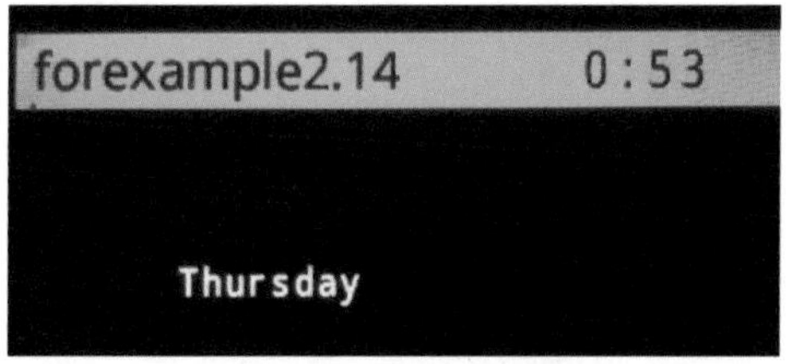

图3-31　程序运行结果

【例3-15】系统随机产生一个随机数，当这个随机数在90~100之间输出“A”；在80~90之间输出“B”；在70~80之间输出“C”；在60~70之间输出“D”，其余情况下输出“E”。如果随机数为90，则输出“90 A”。

```
int main( )
{
    int grade;
   srand(1);
    grade=rand ()%101;
    switch(grade/10)
    {
    case 10: Brain.Screen.printAt ( 60, 80, " %d is A" ,grade); break;
    case 9: Brain.Screen.printAt ( 60, 80, " %d is A" ,grade); break;
    case 8: Brain.Screen.printAt ( 60, 80, " %d is B" ,grade); break;
```

```
        case 7: Brain.Screen.printAt ( 60, 80, " %d is C" ,grade); break;
        case 6: Brain.Screen.printAt ( 60, 80, " %d is D" ,grade); break;
        default: Brain.Screen.printAt ( 60, 80, "%d is E" ,grade); break;
        }
    }
```

程序运行结果如图3-32所示：

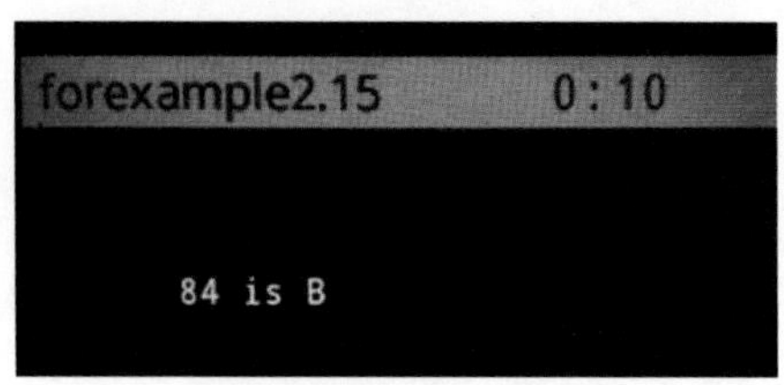

图3-32 程序运行结果

3. 循环结构

在对机器人进行编程时，经常需要反复执行同一个动作，例如：让机器人一直向前走3秒；让机器人向前走30厘米，转弯，重复3次；按遥控器上的一个按键，机器人的吸盘一直持续转动等。在VEXcode V5 TEXT编程语言中，重复的语句不需要反复编写，可以使用循环语言实现。

循环：在给定的条件成立时反复执行某一程序段，被反复执行的程序段称为循环体。在C++语言中循环结构有多种，可以用以下程序来实现循环：

（1）while语句

语句的一般形式如下：

```
while  (循环条件)
{
    循环体语句
}
```

说明：While循环也称为当循环，指当满足一个（或多个）条件时，一直执行循环体语句，也就是一直重复执行同一个操作。其中while是关键字。while后圆括号内的表达式一般是关系表达式或逻辑表达式，但也可以是C语言中任意合法的表达式。

循环体语句可以是一个语句，也可以是多个语句，如果循环体语句包含多个语句，则需要用一对大括号“{}”把循环体语句括起来，采用复合语句的形式。

【例3-16】求前100个自然数的和。

```
int main()
{
    int n,sum;
    n=1;sum=0;               //变量赋初值
    while (n<=100)
    {
        sum=sum+n;           //累加求和
        n++;                 //修改基本数据项n
    }
```

```
    Brain.Screen.printAt ( 60, 80, "sum= %d " ,sum);
}
```

程序运行结果如图3-33所示：

图3-33　程序运行结果

注意： 这个程序采用的算法思想称为累加求和，即不断用新累加的值取代变量的旧值，最终得到求和结果，变量sum也叫“累加器”。

a. 初值一般为0。

b. 必须给变量赋初值。

c. 正确判断条件的边界值。

d. 避免出现“死循环”。

e. 可能出现循环体不执行。

f. while后面圆括号内的表达式一般为关系表达式或逻辑表达式，但也可以是其他类型的表达式。

【例3-17】 使用while语句求6！（6的阶乘，也就是计算6*5*4*3*2*1的积）。

```
int main()
{
    int i, factorial;
    i=1;
    factorial =1;
    while (i<=6)
    {
        factorial = factorial *i; //累乘求积
        i++;                      //修改基本数据项i
    }
    Brain.Screen.printAt ( 60, 80, " factorial = %d " , factorial);
}
```

程序运行结果如图3-34所示：

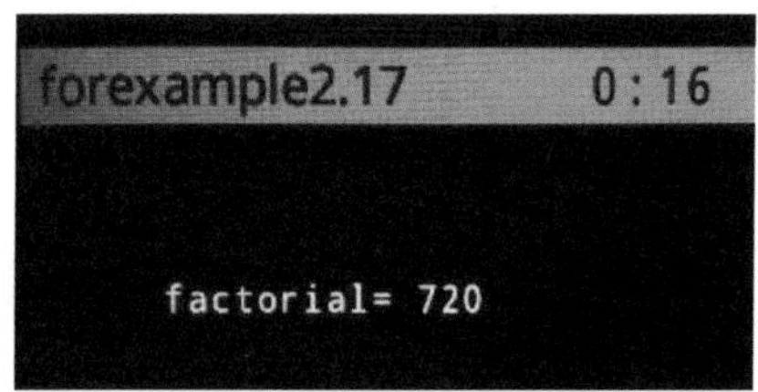

图3-34　程序运行结果

（2）do...while语句

do...while语句的一般形式如下：

```
do
{
  循环体语句
}
while{ 循环条件 };
```

说明：

do...while语句中“While{循环条件}；”后面的分号是不能省略的，这一点和while语句不一样。

do...while语句先执行循环体语句，后判断表达式，因此，无论条件是否成立，将至少执行一次循环体。而while语句先判断表达式，后执行循环体语句，因此，如果表达式在第一次判断时就不成立，则循环体一次也不执行。

【例3-18】求前100个自然数的和。

```
int main()
    {
        int n,sum;
        n=1;
        sum=0;
         do
           {
             sum=sum+n;
             n++;
           }
        while (n<=100);
        Brain.Screen.printAt ( 60, 80, " sum = %d " , sum);
      }
```

程序运行结果如图3-35所示：

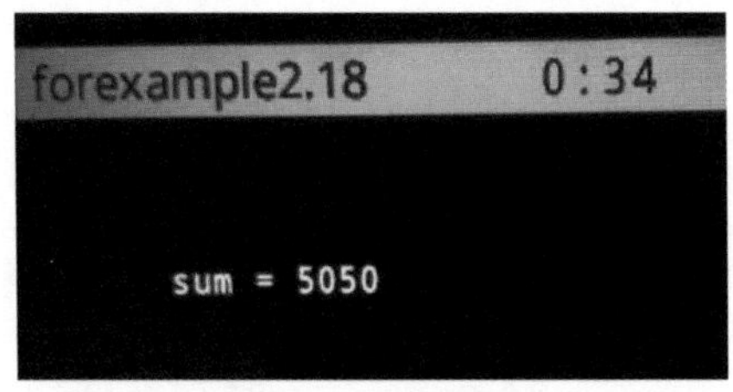

图3-35 程序运行结果

（3）for语句

for语句的一般形式如下：

```
for（循环变量赋初值；循环条件；循环变量增量）
循环体语句
```

关于for语句的几点说明如下。

循环体语句可以是简单语句，也可以是使用一对大括号括起来的复合语句。如果是一个语句，也可以和for写在一行上，这样会使程序看起来更加简洁；如果循环体包含多条语句，最好另起一行，采用一对花括号括起来的复合语句形式，增加程序的可读性。

表达式的省略。for语句中的3个表达式均可以省略，但是两个分号不能省略。

【例3-19】求前50个自然数的和 。

```
int main()
  {
    int n,sum;
    n=1;
    sum=0;
    for (n=1;n<=50;n++)
    sum=sum+n;
    Brain.Screen.printAt ( 60, 80, " sum = %d " , sum);
  }
```

程序运行结果如图3-36所示：

图3-36 程序运行结果

注意：运用for循环要比while语句更加简洁，便于理解。

【例3-20】编写程序，输出100到999之间的水仙花数。水仙花数是指一个3位数，其各位数字的立方和等于该数本身。例如：153=1+125+27=153，所以153就是水仙花数。

```
int main()
{
    int a,b,c,i;
    int j=1;
    for(i=100;i<=999;i++)
    {
        a=i/100;
        b=i/10%10;
        c=i%10;
        if(i==(a*a*a+b*b*b+c*c*c)
        {
        Brain.Screen.printAt ( 30*j+10, 30, " %d " , i);
        j=j+1;
        }
    }
}
```

程序运行结果如图3-37所示：

图3-37 程序运行结果

注意： 显示屏输出函数Brain.Screen.printAt (0,0,i);中的（0,0）是输出结果的坐标位置，如果连续输出两个及两个以上数就应该修改坐标位置，否则结果会被覆盖。

解决方法：定义标志变量，如果有连续两个以及两个以上的结果输出时，可以依次输出。

例：

```
int j=1;//定义一个标志变量
Brain.Screen.printAt ( 30*j+10, 30, “ %d “ , i);
// 表示变量“i”每次根据输的横坐标位置是由“30*j+10”计算出来的，也就是说利用j每增加1，输出位置就要增加30。
```

以上3种循环的比较。

while 和do...while语句一般实现标志式循环，即无法预知循环的次数，循环只是在一定条件下进行；而for语句大多实现计数式循环。

一般来说，while 和do…while语句的循环变量赋初值在循环语句之前，循环结束条件是while后面圆括号内的表达式，循环体中包含循环变量修改语句；一般for循环则是循环三要素集于一行。因此，for循环语句功能更强大，形式更简洁，使用更灵活。

while和for语句先测试循环条件，后执行循环体语句，循环体可能一次也不执行。而do...while语句先执行循环体语句，后测试循环条件，所以循环体至少被执行一次。

（4）循环的嵌套

循环的嵌套指一个循环语句的循环体内完整地包含另一个完整的循环结构。前述3种循环结构（while循环、for循环、do...while循环）可以任意组合嵌套。

循环的嵌套有双重循环嵌套和多重循环嵌套。但一般使用两重或三重的比较多，若嵌套层数太多，就降低了程序的可读性和执行效率。

如果是多重循环，外循环和内循环应选用不同的循环控制变量。下面列举其中的3种嵌套样式：

样式1：	样式2：	样式3：
while( )	while( )	for(;;)
{ ⁞	{ ⁞	{ ⁞
while( )	do	for(;;)
{…}	{…}	{…}
}	while( );	}
	⁞ }	

注意： 在VEXcode V5 Text中会经常用到循环的嵌套，需要重点掌握。

（5）break语句和continue语句

a. break语句

break语句是打断的意思，它也可以用在switch结构、while语句、for语句和do...while语句中。它可使程序跳出本层循环结构，接着执行循环体下面的语句。

其一般形式如下：

```
break;
```

【例3-21】利用for循环实现：当程序循环到6时，立即跳出循环，打印123456 game over!。

```
int main()
{
    int i;
    int j;
    for(i=1;i<=10;i++)
    {
     Brain.Screen.printAt (  j*20+30,30, " %d " , i);
     j=j+1;
       if(i==6)
    break;
    }
    Brain.Screen.printAt(40,50,"game over!");
}
```

程序运行结果如图3-38所示：

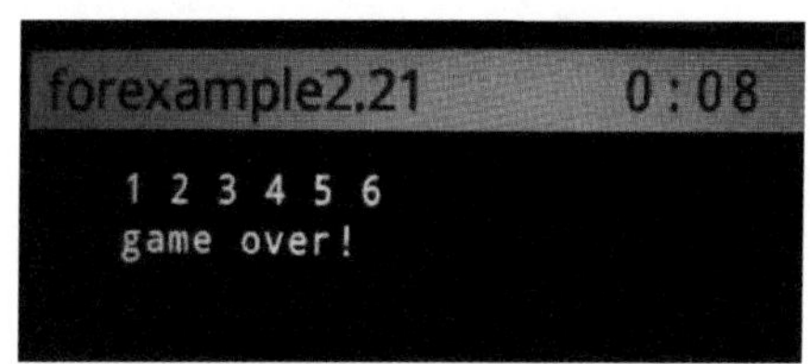

图3-38 程序运行结果

说明：

break语句只能用于while、for和do...while循环语句以及switch语句中，不能用于其他语句。

如果break语句用在多重循环结构体中，使用break语句只能使程序退出break语句所在的这层循环。

b. continue语句

continue语句的作用是结束本次循环，即跳过当前循环体中continue后面尚未执行的语句，重新判断下一次是否执行循环体。

其一般形式如下：

```
continue;
```

continue语句只能用于循环结构中。

【例3-22】求1~10之间不能被2整除的数，并输出。

程序：

```
int main()
{
```

```
    int j=1;
    int n;
    for(n=1;n<=10;n++)
    {
        if(n%2==0)
        continue;
        Brain.Screen.printAt ( 20*j+50, 50, " %d " , n);
        j=j+1;
    }
}
```

程序运行结果如图3-39所示：

图3-39 程序运行结果

在例3-22中，就是当n为偶数时，不执行之后的语句："Brain.Screen.printAt (20*j+50, 50, " %d " | , n);

j=j+1;"

第四章

LCD屏幕

一、LCD工作原理

V5主控器采用4.25英寸480 x 272像素全彩色触摸LCD屏，使用户操作起来更加简单方便。用户可以在显示屏幕上输出想要的信息。也可以利用机器人接收的实际反馈信息来进行现场调试。

LCD是Liquid Crystal Display的简称，即液晶显示器。其构造是在两片平行的玻璃基板中放置液晶盒，在下基板玻璃上设置TFT（薄膜晶体管），在上基板玻璃上设置彩色滤光片，通过TFT上的信号与电压改变来控制液晶分子的转动方向，从而控制每个像素点偏振光射出与否以达到显示的目的。

二、LCD所用到的函数

（1）clearScreen　　//清除LCD屏幕上的内容

格式：clearScreen(void)

示例：Brain.Screen.clearScreen(); //清除LCD整个屏幕上的内容

（2）clearLine　　//清除LCD屏幕上的某行内容

格式：clearLine(void)

示例：Brain.Screen.clearLine(); // 清除LCD屏幕上的光标所在行

（3）newLine　　//　切换到下一行

格式：newLine(void)

示例：Brain.Screen.newLine(); // 从光标所在行切换到新的行，并清除内容

（4）print　　//　输出数据

格式：print(const char *format,...) // 可输出数字，字符串，布尔型数据

示例：Brain.Screen.print(“Hello”);

（5）printAt　　// 在指定位置（x,y）处输出数字，字符串，布尔型数据

格式：printAt(int32_t x, int32_t y, const char *format,...)

示例：Brain.Screen.printAt(1, 20, “Velocity: %d%%”, velocity);

（6）drawPixel　// 在指定位置画点

格式：drawPixel(int x, int y)

示例：Brain.Screen.drawPixel(20, 40);

（7）drawLine　// 在指定位置画线

格式：drawLine(int x1, int y1, int x2, int y2)

示例：Brain.Screen.drawLine(30, 40, 35, 50);zzzzz

//从(30,40)位置连接到(35,50)位置画线

（8）drawRectangle // 画矩形

格式：drawRectangle(int x, int y, int width, int height)

示例：Brain.Screen.drawRectangle(40, 30, 20, 25);

// 在(40,30)位置画宽20、高25的矩形

（9）drawCircle // 画圆

格式：drawCircle(int x, int y, int radius)

示例：Brain.Screen.drawCircle(150, 100, 20);

//在(150,100)处画半径为20的圆

（10）setCursor // 设置光标在第几行第几列

格式：setCursor(int32_t row, int32_t col)

示例：Brain.Screen.setCursor(1,1) // 将光标定在第1行、第1列

（11）setFont // 设置字体的格式

格式：Brain.Screen.setFont(fontType font)

示例：Brain.Screen.setFont(vex::fontType::mono20);

（12）setPenWidth // 设置笔的宽度

格式：Brain.Screen.setPenWidth(uint32_t width)

示例：Brain.Screen.setPenWidth(5);

（13）setOrigin // 设置屏幕的起点

格式：setOrigin(int32_t x, int32_t y)

示例：Brain.Screen.setOrigin(100, 0);

（14）setPenColor // 设置笔的颜色

格式：setPenColor(const color &color)

示例：Brain.Screen.setPenColor(color::blue)

（15）setFillColor // 设置屏幕的背景填充色

格式：setFillColor(const color &color)

示例：Brain.Screen.setFillColor(color::green);

（16）pressed // 按压

格式：pressed(void(*callback)(void))

示例：Brain.Screen.pressed(void(*callback)(void));

（17）released // 释放

格式：released(void(*callback)(void))

示例：Brain.Screen. released (void(*callback)(void));

（18）timer // 计时器

格式：timer(timeUnits units)

示例：Brain.timer(timeUnits::msec)

（19）Battery.capacity // 电池电量

格式：capacity()

示例：Brain.Battery.capacity();

（20）Battery.temperature　// 电池温度

格式：temperature(temperatureUnits units);

示例：Brain.Battery.temperature(temperatureUnits::celsius);

（21）column　// 跟踪当前位置的整数列，从1开始

格式：column()

示例：Brain.Screen.column();

（22）raw　// 跟踪当前位置的整数行，从1开始

格式：row()

示例：Brain.Screen.raw();

（23）xPosition　//获取被按下屏幕处的x值

格式：xPosition()

示例：Brain.Screen.xPosition();

（24）yPosition　//获取被按下屏幕处的y值

格式：yPosition()

示例：Brain.Screen.yPosition();

（25）pressing　// 屏幕被按下的状态

格式：pressing()

案例：Brain.Screen.pressing()

三、案例练习

1. 显示字母，字符串，数字，数组，字符数组

【例4-1】在LCD显示屏幕上输出字母

程序：

```
int main( )
{
Brain.Screen.clearScreen();
Brain.Screen.printAt(5, 5, "A " );
}
```

程序运行结果如图4-1所示：

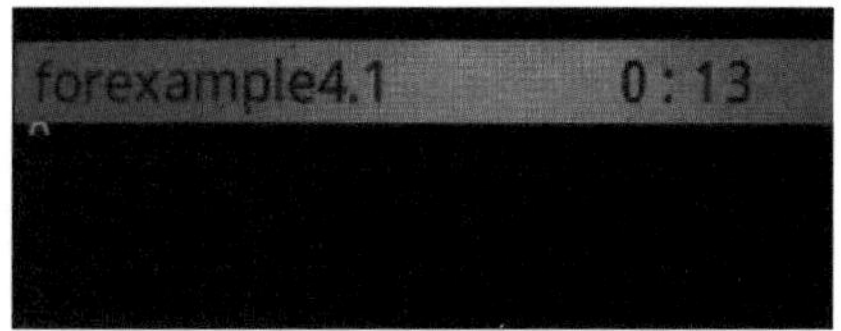

图4-1　程序运行结果

由图4-1可以发现在屏幕（5，5）处显示不全，因为上边的标注框也占一部分像素点，根据像素点输出数据往往不能精确地显示在想要的位置，下面可以采用设置行和列来输出数据，可以准确地将想要

输出的数据显示在想要的位置。

程序：

```
int main( )
{
  Brain.Screen.setCursor(1,2);            //设置当前光标为第1行第2列
  Brain.Screen.print("A");                //在此处输出“A”
  Brain.Screen.newLine();                 //开始新的一行
  Brain.Screen.print("B");                //输出“B”
  Brain.Screen.printAt( 60, 60, "C " );   //在指定位置（60.60）处显“C”
}
```

程序运行结果如图4–2所示：

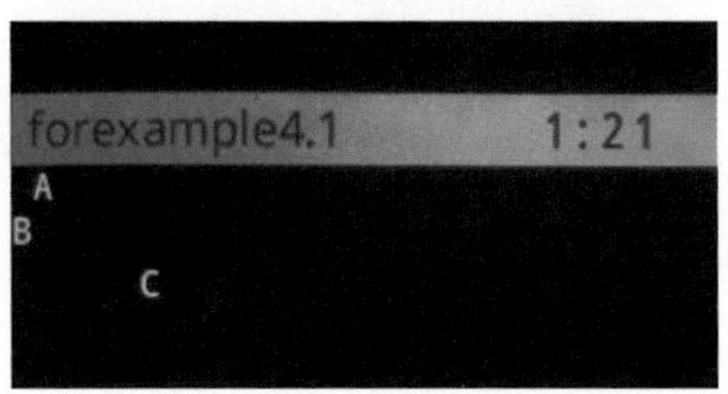

图4–2　程序运行结果

将两种输出方式做了对比显示可发现，Brain.Screen.setCursor(x，y) 可以准确地在x行y列输出，而Brain.Screen.printAt(x,y, "…… ")只能根据像素点的位置输出在屏幕上，若要输出很多字符类和数字类，建议使用前者输出。

【例4–2】输出字符串

备注：改变笔的默认的颜色和粗细，以及字体的大小格式

程序：

```
int main()
 {
        Brain.Screen.setPenColor(vex::color::red);
        Brain.Screen.setPenWidth(5);
        Brain.Screen.setFont(vex::fontType::mono30);
        Brain.Screen.setCursor(2,2);
        Brain.Screen.print(  "Welcome To VEXcode");


}
```

结果显示：在LCD的第2行第2列输出了字符串“Welcome To VEXcode”，如图4–3所示。

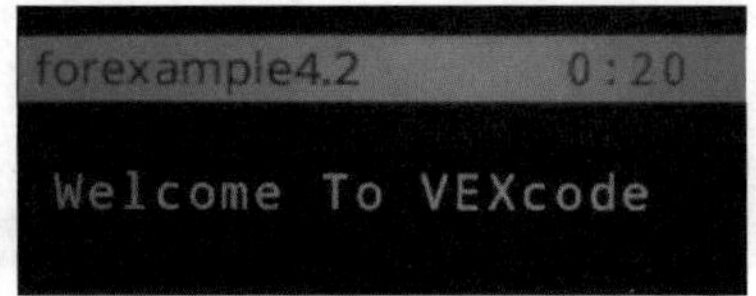

图4–3　程序运行结果

【例4–3】输出1～66的和

思路：需要运用循环，实现1到66的累加和。

程序：

```
int main( )
{
    int i;
    int sum=0;
    Brain.Screen.printAt ( 60, 60, "sum= %d " ,sum);
    for(i=1;i<=66;i++)
    sum=sum+i;
}
```

结果显示：在LCD显示屏输出了“sum=0”，如图4-4所示。

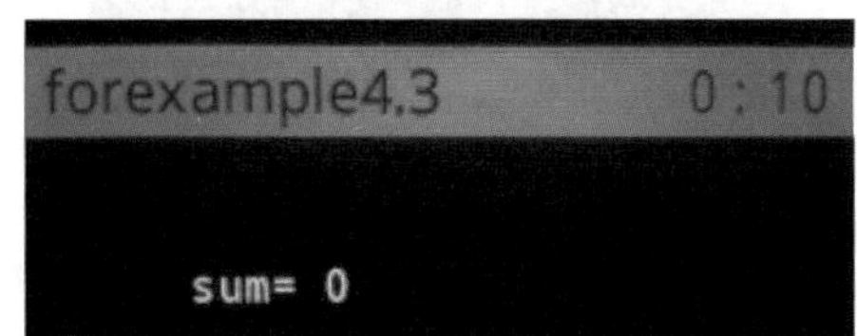

图4-4 程序运行结果

观察可发现，如上程序Brain.Screen.printAt (60, 60, "sum= %d " ,sum);优先于for循环执行，此时sum值为零，所以在编写程序时一定要注意逻辑关系的严密性。

程序：

```
int main( )
{
    int i;
    int sum=0;
    for(i=1;i<=66;i++)
    sum=sum+i;
    Brain.Screen.printAt ( 60, 60, "sum= %d " ,sum);
}
```

结果显示如图4-5所示。

图4-5 程序运行结果

【例4-4】输出数组

方法1：

```
int main( )
{
    int b[5]={1,2,3,4,5};
    Brain.Screen.clearScreen();
```

```
    Brain.Screen.printAt (10,20, " %d",b[0]);
    Brain.Screen.printAt (10,40, " %d",b[1]);
    Brain.Screen.printAt (10,60, "%d",b[2]);
    Brain.Screen.printAt (10,80, "%d",b[3]);
    Brain.Screen.printAt (10,100,"%d",b[4]);
}
```

结果显示如图4-6所示。

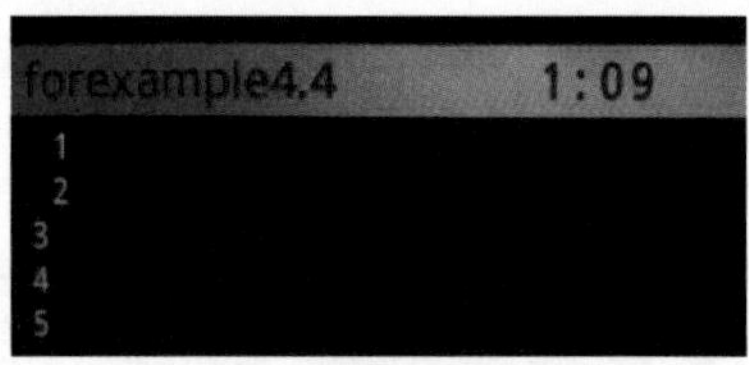

图4-6　程序运行结果

注意图中1、2行和3、4、5行，列不对齐，但编程本意是所有行X=10，即距屏左侧边缘10个像素列左对齐。仔细检查程序会发现，这是由" %d"比"%d"多一个空格符造成的，而空格符" "会占用一个字符宽度。主屏上打印字符串除了使用printAt函数外，还可以使用下面方法。

方法2：

```
int main()
{
  int b[]={1,2,3,4,5};
  Brain.Screen.clearScreen();
  Brain.Screen.setCursor(1,1);
  Brain.Screen.print(" %d",b[0]);
  Brain.Screen.newLine();
  Brain.Screen.print(" %d",b[1]);
  Brain.Screen.newLine();
  Brain.Screen.print(" %d",b[2]);
  Brain.Screen.newLine();
  Brain.Screen.print(" %d",b[3]);
  Brain.Screen.newLine();
  Brain.Screen.print(" %d",b[4]);
}
```

结果显示如图4-7所示，在LCD中输出数组b中的值，即1，2，3，4，5。

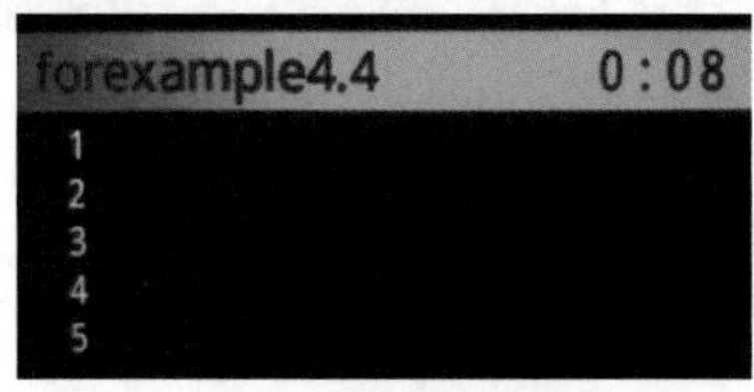

图4-7　程序运行结果

本方法是在完全列举数组里包含的所有值，当数组量较大时，该方法显然不现实，故做了以下改进。

程序:

```
int main()
{
    int b[5] = {1,2,3,4,5};
    int i;
    for(i = 0; i < 5; i ++) //下标循环, 从0到4.
    Brain.Screen.printAt (20,20+20*i, "%d",b[i]);
}
```

结果同样可如图4-7所示:在LCD中输出数组b中的值,即1,2,3,4,5。利用循环更加简便并且思路清晰,便于理解。

【例4-5】输出字符数组

程序:

```
int main()
{
    char d[5] = {'a','b','c','d','e'};
    int i;
    for(i = 0; i < 5; i ++)
    Brain.Screen.printAt (20,20+20*i, "%c",d[i]);
}
```

结果显示如图4-8所示:在LCD显示屏幕中输出字符数组d中的值,即a,b,c,d,e。

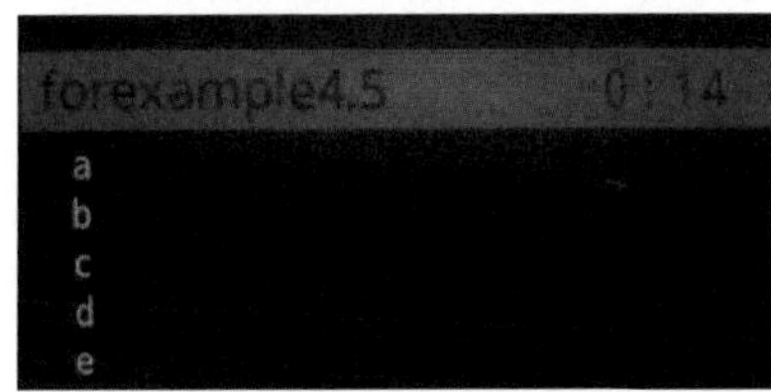

图4-8 程序运行结果

2. 显示电池电量以及温度

【例4-6】显示电池的电压和温度

程序:

```
int main ()
{
   while(1) {
  // remove any old text from the screen to prevent unexpected results
    Brain.Screen.clearScreen();

  // display the current battery capacity in percent
    Brain.Screen.printAt(1, 20, "Battery Capacity: %d", Brain.Battery.capacity());

    // display the current battery temperature in celsius
    Brain.Screen.printAt(1, 40, "Battery Temperature: %3.2f", Brain.Battery.temperature(celsius));
```

```
        //Sleep the task for a short amount of time to prevent wasted resources.
        task::sleep(500);
    }
}
```

程序中："%3.2f"表示整数位为3位，小数位为2位。

结果如图4–9所示。

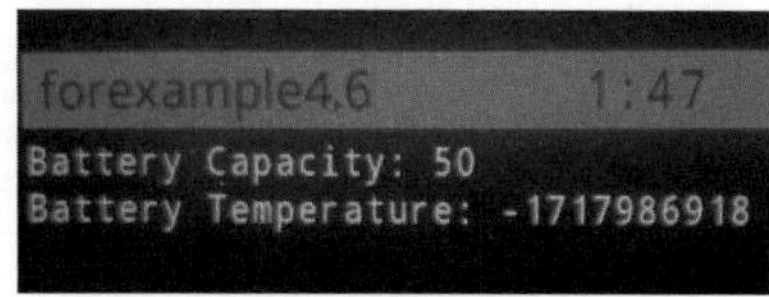

图4–9 程序运行结果

3. 触摸屏幕显示

【例4–7】当按压屏幕时，在其位置用黄色且宽为8的笔画一个半径为50的圆。

程序：

```
int main()
{
      while(1)
      {
          Brain.Screen.setPenColor(vex::color::yellow);
          Brain.Screen.setPenWidth(8);
          if(Brain.Screen.pressing())
       {
          Brain.Screen.clearScreen();
          Brain.Screen.drawCircle(Brain.Screen.xPosition(), Brain.Screen.yPosition(), 50);
       }
      }
}
```

结果如图4–10所示。

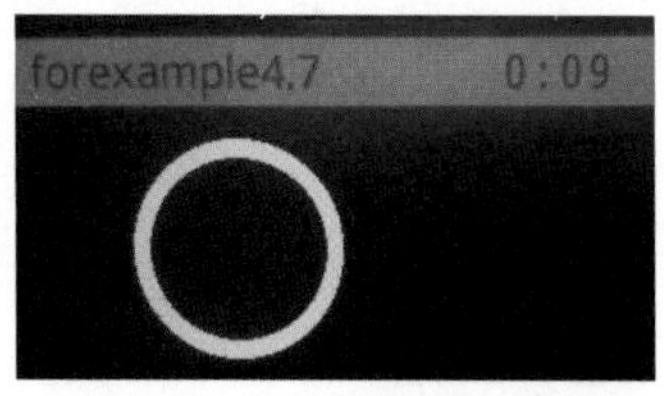

图4–10 程序运行结果

【例4–8】当按压屏幕时，用绿色的字在第1行显示按压坐标，第3行显示屏幕状态被按压。当释放时，用红色的字在第2行显示释放坐标，第3行显示屏幕状态为被释放。

思路：此程序要用到检测。

程序：

```
void screenPressed( void )
```

```
{
    Brain.Screen.setPenColor(vex::color::green);
    int xPos = Brain.Screen.xPosition();
    int yPos = Brain.Screen.yPosition();
    Brain.Screen.setCursor(1,1);
    Brain.Screen.clearLine();
    Brain.Screen.print("Last press x: %04d, y: %04d", xPos, yPos);
    Brain.Screen.setCursor(3,1);
    Brain.Screen.clearLine();
    Brain.Screen.print("Current state: Pressed");
}
void screenReleased( void )
 {
    Brain.Screen.setPenColor(vex::color::red);
    int xPos = Brain.Screen.xPosition();
    int yPos = Brain.Screen.yPosition();
    Brain.Screen.setCursor(2,1);
    Brain.Screen.clearLine();
    Brain.Screen.print("Last release x: %04d, y: %04d", xPos, yPos);
    Brain.Screen.setCursor(3,1);
    Brain.Screen.clearLine();
    Brain.Screen.print("Current state: Released");
}
int main()
{
    Brain.Screen.pressed(screenPressed);          //当屏幕被按压时screenPressed函数
    Brain.Screen.released(screenReleased);        //当屏幕被释放时screenReleased函数
    //Prevent main from exiting with an infinite loop.
    while(1)
      {
        task::sleep(100);                         //短时间运行这个任务以防止浪费资源
    }
}
```

结果显示如图4-11和图4-12所示。

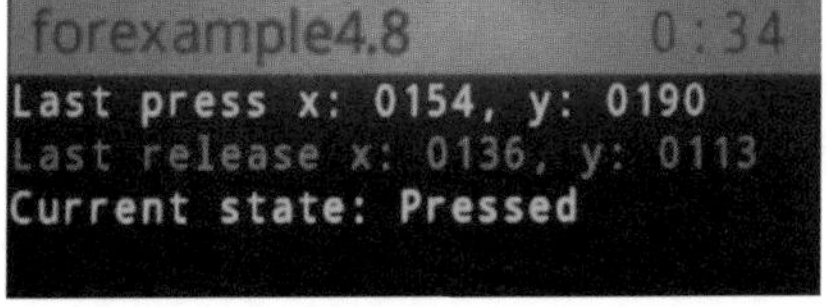

forexample4.8 0:34
Last press x: 0154, y: 0190
Last release x: 0136, y: 0113
Current state: Pressed

图4-11 当屏幕被按下时显示的内容

forexample4.8 0:14
Last press x: 0141, y: 0111
Last release x: 0136, y: 0113
Current state: Released

图4-12 当屏幕被释放时显示的内容

【例4-9】利用不同种输出函数在屏幕上输出点、线、矩形、圆。

程序：

```
int main()
```

```
{
    Brain.Screen.drawPixel(30, 40);
    Brain.Screen.drawLine(40, 40, 50, 50);
    Brain.Screen.drawRectangle(60, 40, 20, 30);
    Brain.Screen.drawCircle(100, 100, 15);
    Brain.Screen.setPenWidth(6);
    Brain.Screen.drawCircle(100, 150, 15);
    Brain.Screen.setFillColor(color::red);
    Brain.Screen.setPenColor(color::yellow);
    Brain.Screen.drawCircle(150, 150, 25);
    Brain.Screen.setOrigin(100, 0);
    Brain.Screen.drawCircle(150, 150, 25);
}
```

结果显示如图4-13所示。

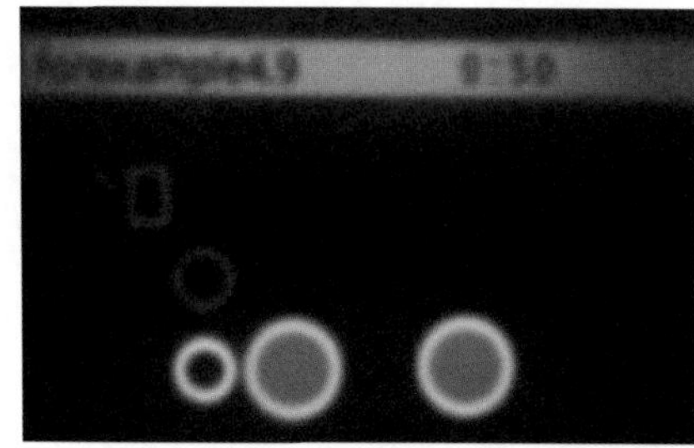

图4-13　程序运行结果

【例4-10】画圆、线和矩形，在屏幕上显示输出笑脸。

程序：

```
int main ()
{
    Brain.Screen.drawCircle(225, 120, 110);
    Brain.Screen.drawLine(180, 160, 230, 180);
    Brain.Screen.drawLine(230, 180, 285, 160);
    Brain.Screen.drawRectangle(225, 110, 10, 30);
    Brain.Screen.setPenWidth(5);
    Brain.Screen.setFillColor(color::orange);
    Brain.Screen.setPenColor(color::blue);
    Brain.Screen.drawCircle(180, 70, 25);
    Brain.Screen.setOrigin(100, 0);
    Brain.Screen.drawCircle(180, 70, 25);
    Brain.Screen.setFillColor(color::black);
    Brain.Screen.setPenWidth(3);
    Brain.Screen.drawCircle(170, 75, 8);
    Brain.Screen.setOrigin(0, 0);
    Brain.Screen.drawCircle(190, 75, 8);
}
```

结果如图4-14所示。

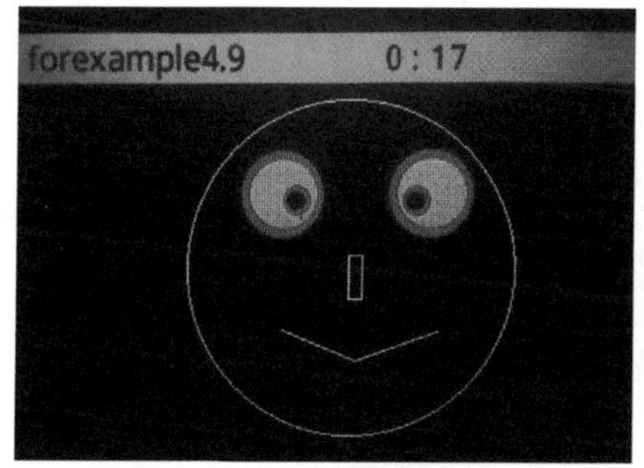

图4-14 程序运行结果

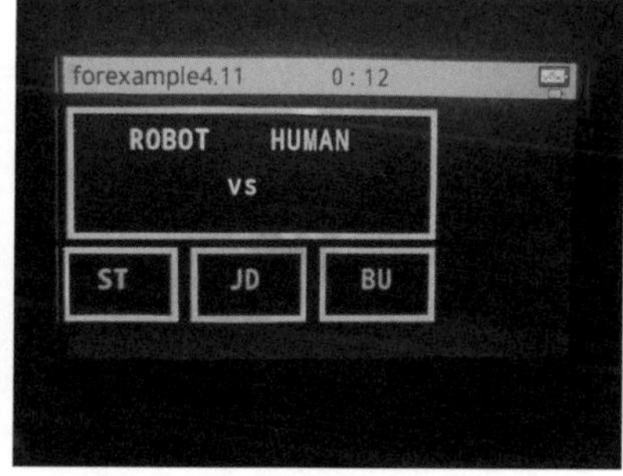

图4-15 程序运行结果

【例4-11】画石头、剪刀、布的游戏界面，程序运行结果如图4-15所示。

程序：

```
void drawFramework()
{ //绘制游戏主边框
  Brain.Screen.clearScreen();
  Brain.Screen.setFont(mono30);
  Brain.Screen.setPenColor(yellow);
  Brain.Screen.setPenWidth(5);
  Brain.Screen.drawRectangle(5, 15, 335, 110);
  //绘写主边框内机器和人对阵文字
  Brain.Screen.printAt( 60, 50, "ROBOT");
  Brain.Screen.printAt( 190, 50, "HUMAN");
  Brain.Screen.printAt( 150, 90, "vs");
  //绘制3个虚拟触摸按键边框
  Brain.Screen.drawRectangle(0, 140, 100, 60);
  Brain.Screen.drawRectangle(120, 140, 100, 60);
  Brain.Screen.drawRectangle(240, 140, 100, 60);
  //3个按键中分别绘制石头、剪刀、布默认提示字母
  Brain.Screen.setPenColor(green);         //默认提示字母为绿色
  Brain.Screen.printAt( 30, 175, "ST");   //石头
  Brain.Screen.printAt ( 152, 175, "JD");//剪刀
  Brain.Screen.printAt( 275, 175, "BU");  //布
}
int main() {
  drawFramework();                          //只绘制一次
  while(1)
  {
    wait(20, msec);                         //必要延时
  }
}
```

程序分析：清屏函数clearScreen()和绘制图形函数执行会占用大量时间，尽可能少用；如果不

断调用clearScreen()，会出现刷屏、迟滞感；基于此原因，本例程只在while无限循环前执行一次drawFramework()。

【例4-12】在例4-11基础上实现石头、剪刀、布游戏虚拟按键触摸功能：触摸主控器屏幕上按键的区域，则其提示文字变色。

程序：

```
void drawFramework()
{
  ...... //参考例4-11
}
//石头、剪刀、布按键有效按压区域边界常量
const int  xminR = 0, xmaxR = 100, yminR= 120, ymaxR = 270;
const int  xminS = 120, xmaxS =220, yminS = 120, ymaxS = 270;
const int  xminP = 240, xmaxP = 340, yminP = 120, ymaxP = 270;

//石头、剪刀、布按键状态标志：按下为true，释放为false
bool rockBtnFlg = false, scissorsBtnFlg = false, paperBtnFlg = false;
//画"石头"按键：修改提示文字颜色
void drawRockButton(bool isPressed)
{
  Brain.Screen.setFont(mono30);
  Brain.Screen.setPenWidth(5);
  if(isPressed)
    Brain.Screen.setPenColor(red);
  else
    Brain.Screen.setPenColor(green);
  Brain.Screen.printAt( 30, 175, "ST");
}
//画"剪刀"按键：修改提示文字颜色
void drawScissorsButton(bool isPressed)
{
  Brain.Screen.setFont(mono30);
  Brain.Screen.setPenWidth(5);
  if(isPressed)
    Brain.Screen.setPenColor(red);
  else
    Brain.Screen.setPenColor(green);
  Brain.Screen.printAt ( 150, 175, "JD");
}
//画“布”按键：修改提示文字颜色
void drawpaperButton(bool isPressed)
{
  Brain.Screen.setFont(mono30);
  Brain.Screen.setPenWidth(5);
```

```
    if(isPressed)
      Brain.Screen.setPenColor(red);
    else
      Brain.Screen.setPenColor(green);
    Brain.Screen.printAt( 275, 175, "BU");
}

//石头、剪刀、布3个按键触摸响应函数
void drawAllButton()
{
    if(Brain.Screen.pressing())
    { //获取触摸坐标
      int xPos = Brain.Screen.xPosition();
      int yPos = Brain.Screen.yPosition();
     //判断触摸区域，若为3个按键，则置位相应状态变量，重绘按钮提示文字
      if((xPos>xminR&&xPos<xmaxR)&&(yPos>yminR&&yPos<ymaxR))
        {rockBtnFlg = true; drawRockButton(true);}
      else if((xPos>xminS&&xPos<xmaxS)&&(yPos>yminS&&yPos<ymaxS))
        {scissorsBtnFlg = true; drawScissorsButton(true);}
      else if((xPos>xminP&&xPos<xmaxP)&&(yPos>yminP&&yPos<ymaxP))
        {paperBtnFlg = true; drawpaperButton(true);}
      else
        {drawFramework();}//若按压到无效区域，则重绘整个游戏界面
    else {                  //无触摸则复位按键状态标志，并更新按键提示文字
      if(rockBtnFlg) {rockBtnFlg = false; drawRockButton(false);}  //
      if(scissorsBtnFlg) {scissorsBtnFlg = false; drawScissorsButton(false);}
      if(paperBtnFlg) {paperBtnFlg = false; drawpaperButton(false);}
    }
}
int main() {
  drawFramework();          //绘制游戏主窗口
  while(1)
  {
    drawAllButton();        //绘制虚拟按键并更新状态
    wait(20, msec);         //必要延时
  }
}
```

程序分析：① 为了编程更直观方便，定义了石头、剪刀、布3个按键有效触摸区域的边界常量和是否触摸到相应按键区域的状态标志变量。② drawRockButton(bool isPressed)等3个函数实现通过判断输入按键状态标志，绘制相应的按键图文。③ drawAllButton()实现LCD查询到触摸后按键状态（包括按键状态标志变量和提示文字）做出相应改变。④ 主函数中先绘制一次整个界面，再进入无限循环，调用drawAllButton()，实现触摸按键功能。

【例4-13】在例4-12基础上，实现石头、剪刀、布游戏，并且机器总能赢。

程序：

```
void drawFramework()
{
  …… //参考例4-11
}
  …… //参考例4-12

//机器必赢游戏，根据按键状态更新主界面机器和人双方出拳状态
void mustWinGame()
{
    Brain.Screen.setPenColor(red);
    if(rockBtnFlg) {                                //若触摸“石头”按键
      Brain.Screen.printAt( 80, 90, "BU");          //机器显示出“布”
      Brain.Screen.printAt( 210, 90, "ST");         //人显示出“石头”
    }
    else if(scissorsBtnFlg) {                       //若触摸"剪刀"按键
      Brain.Screen.printAt( 80, 90, "ST");          //机器显示出“石头”
      Brain.Screen.printAt( 210, 90, "JD");         //人显示出“剪刀”
    }
    else if(paperBtnFlg) {
      Brain.Screen.printAt( 80, 90, "JD");                    //机器显示出“石头”
      Brain.Screen.printAt( 210, 90, "BU");                   //人显示出“布”
    }
    else {
      Brain.Screen.printAt( 80, 90, "  ");                    //机器显示为空
      Brain.Screen.printAt( 210, 90, "  ");                   //人显示为空
    }
    if(rockBtnFlg||paperBtnFlg||scissorsBtnFlg)    wait(1,sec); //如果有按键被按下，
                                                                  延时1秒
}

int main() {
  drawFramework();          //绘制游戏主窗口
  while(1)
  {
    drawAllButton();        //绘制虚拟按键并更新状态
    mustWinGame();          //游戏逻辑实现：机器必赢
    wait(20, msec);         //必要延时
  }
}
```

程序分析：和例4-12相比，本例程在主函数int main()前增加了mustWinGame()函数。该函数主要实现机器必赢人的逻辑功能和主界面对阵结果更新。

【例4-14】参考例4-13，完成石头、剪刀、布游戏：机器随机出拳。

程序：

```
void drawFramework()
```

```
{
  …… //参考例4-11
}
  …… //参考例4-12

//机器随机赢游戏，根据按键状态更新主界面机器和人的出拳状态
void randWinGame()
{   //更新人的出拳状态
    if(rockBtnFlg)
      Brain.Screen.printAt( 210, 90, "ST");
    else if(scissorsBtnFlg)
      Brain.Screen.printAt( 210, 90, "JD");
    else if(paperBtnFlg)
      Brain.Screen.printAt( 210, 90, "BU");
    else {
      Brain.Screen.printAt( 80, 90, "  ");
      Brain.Screen.printAt( 210, 90, "  ");
    }
    //更新机器的出拳状态
    if(rockBtnFlg||paperBtnFlg||scissorsBtnFlg){
      uint8_t robotGesture  = rand()%3;  //机器随机出拳手势
      switch (robotGesture)
      {
        case 0 : Brain.Screen.printAt( 80, 90, "ST"); break;
        case 1 : Brain.Screen.printAt( 80, 90, "JD"); break;
        case 2 : Brain.Screen.printAt( 80, 90, "BU"); break;
        default: ;
      }
      wait(1,sec);                        //如果有按键按下，延时1秒
    }
}

int main() {
  srand(timer::system());               //用系统时间作为随机数生成种子
  drawFramework();                      //绘制游戏主窗口
  while(1)
  {
    drawAllButton();                    //绘制虚拟按键并更新状态
    randWinGame();                      //游戏逻辑实现：机器随机赢
    wait(20, msec);                     //必要延时
  }
}
```

【例4-15】实现石头、剪刀、布游戏：逢3的倍数时，机器必胜，其他次数时随机。

程序：

```
void drawFramework()
{
    ......      //参考例4-11
}
    ......      //参考例4-12

void mustWinGame()
{
    ......      //参考例4-13
}
void randWinGame()
{
    ......      //参考例4-14
}

int main() {
  srand(timer::system());                    //用系统时间作为随机数生成种子
  uint8_t nGame = 0; bool nGameFlg = false;
  drawFramework();                           //绘制游戏主窗口
  while(1)
  {
    drawAllButton();                         //绘制虚拟按键并更新状态

    if(nGame%3==2)                           //游戏逻辑实现：机器逢3必赢
      mustWinGame();
    else
      randWinGame();

    if(rockBtnFlg||scissorsBtnFlg||paperBtnFlg)  //出拳次数累加统计
      { if(!nGameFlg) nGame++; nGameFlg=true; }
    else {nGameFlg = false;  }

    wait(20, msec);                              //必要延时
  }
}
```

程序分析：从例4-11至例4-15的承接关系中，我们可以发现模块化编程的优点。编程思路更清晰，方便后续程序改写和升级，在此也建议大家在后续编程中多采用此类函数模块化的编程方法。

第五章

遥控器

V5遥控器与传统遥控器不同的是，它拥有单色LCD屏幕，可以给用户提供及时的反馈，允许用户通过遥控器远程启动和停止程序，还可以查看机器人的电池电量和无线通信的状态。在比赛期间，操控手可以看到比赛时间和状态，且支持多种语言。除此之外，程序员可以将数据和多语言文本发送到屏幕以进行调试和驱动程序。附加的可编程小部件允许用户显示模拟和数字的仪表。当使用两个控制器时，可以实现独立向每个控制器发送消息。遥控器使用内置可充电电池，通过micro USB数据线充电，大约需要1小时完成充电，使用时间为10小时。

一、遥控器按键说明

遥控器按键说明和屏幕说明如图5-1和图5-2所示。

图5-1　遥控器按键说明

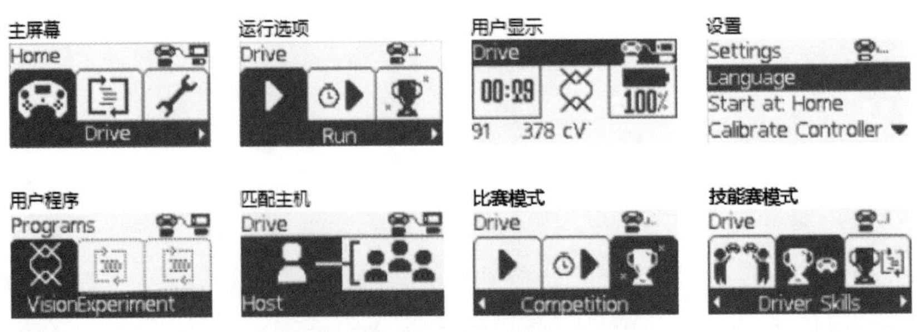

图5-2　遥控器屏幕说明

V5遥控器的特征：

1. 两个数字端口用于连接主控或者连接两个遥控器（实现双人操控）。
2. 一个用于比赛的现场控制端口。
3. USB接口用于充电，无线编程和调试。
4. 12个按钮可由用户进行自定义设置。
5. 当程序未运行时，按钮也可用于菜单导航。
6. 两个2轴操纵杆，用于精准地控制机器人。

控制器编程如图5-3所示。

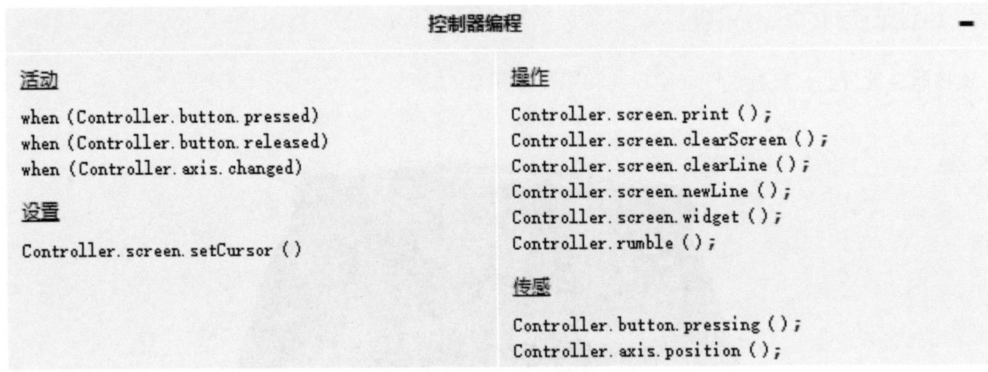

控制器编程

活动

```
when (Controller.button.pressed)
when (Controller.button.released)
when (Controller.axis.changed)
```

设置

```
Controller.screen.setCursor ()
```

操作

```
Controller.screen.print ();
Controller.screen.clearScreen ();
Controller.screen.clearLine ();
Controller.screen.newLine ();
Controller.screen.widget ();
Controller.rumble ();
```

传感

```
Controller.button.pressing ();
Controller.axis.position ();
```

图5-3　控制器编程

遥控器规格如表5-1所示。

表5-1　遥控器规格

功能	介绍
用户界面	内置单色LCD128X64像素，背光带白色或红色LED
界面功能	选择、启动、停止程序，主控器与遥控器的电量，竞赛模式指示
用户反馈	LCD上最多可显示3行文本
无线	VEXnet 3.0和蓝牙4.2，以200KB/s的速度下载和调试
模拟轴	2个操作杆
按钮	12个
电池类型	锂离子电池
电池运行时间	8～10小时
电池充电时间	1小时
伙伴遥控器类型	V5遥控器
重量	350g

二、遥控器的基本连接

1. 遥控器与主控器配对

（1）所需物品：V5主控器、电池、V5遥控器、V5 Wi-Fi模块、两条智能电缆，如图5-4所示。

图5-4 所需物品

（2）将智能电缆一端连接到V5遥控器背面的一个端口，另一端连接在V5主控器上的任何智能端口，开启主控器。这时会发现当主控器通电并且通过电缆连接时，遥控器会自动打开，如图5-5所示。

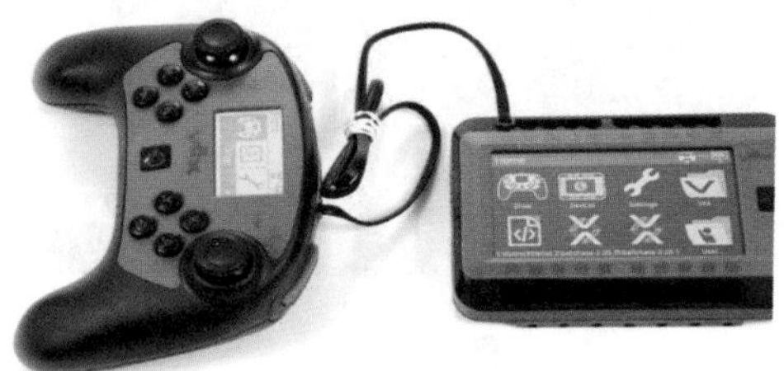

图5-5 连接V5遥控器和V5主控器

（3）检查遥控器和主控器是否同步设备正在连接中，如图5-6所示。

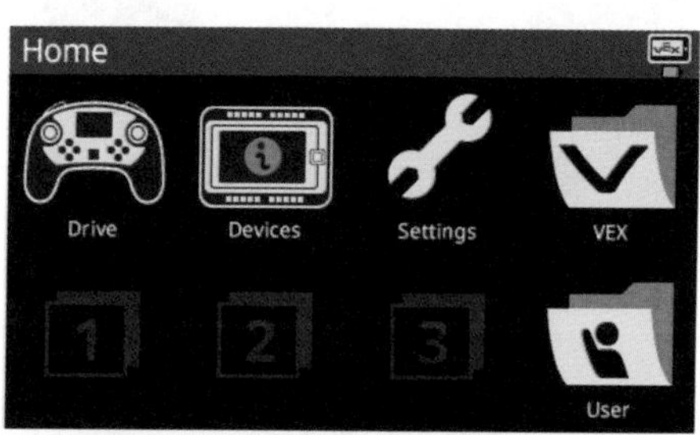

图5-6 检查连接情况

（4）将V5 Wi-Fi模块连接到V5主控器上（任意智能端口都可以），Wi-Fi模块是无线连接必需的设备，如图5-7所示。

图5-7　连接V5 Wi-Fi模块和V5主控器

（5）验证有线连接。当V5主控器和V5遥控器与电缆连接时，如果屏幕显示有线连接指示器图标，证明已经连接完成，如图5-8所示。

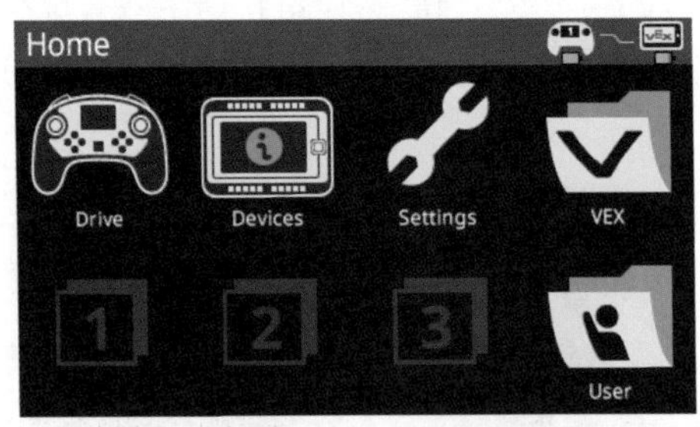

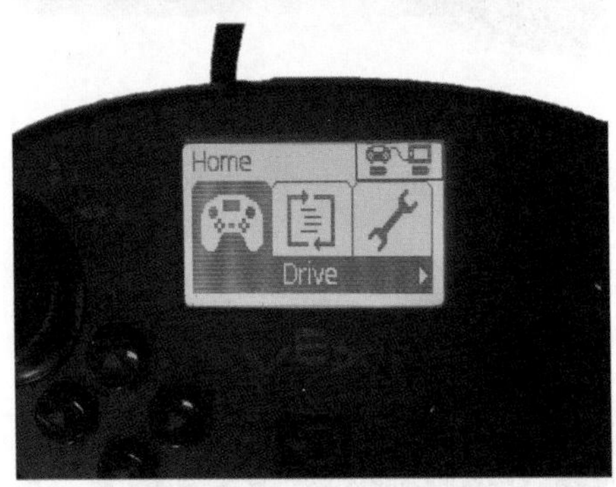

图5-8　验证有线连接

（6）设置Wi-Fi模块模式。导航到“设置”菜单以更改“Wi-Fi模块”设置。通过点击Radio设置VEXnet，如图5-9所示。

Settings

Language	English	Reset settings...	
Start at	Home	Delete programs...	
Backlight	100%	Regulatory...	
Theme	Dark	Vision Sensor Wifi	Off
Rotation	Normal		
Radio Type	VEXnet		

图5-9　设置Wi-Fi模块模式

（7）接收警告。更改Wi-Fi模块设置时出现此警告时，选择“OK”确定，如图5-10所示。

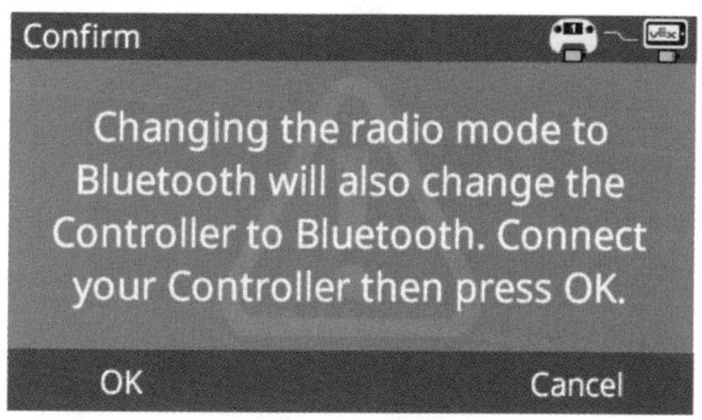

图5-10 接收警告

注意：虽然警告是关于蓝牙的，但它也适用于VEXnet的设置。

（8）验证无线连接，如图5-11所示，主控器以及遥控器无线连接成功。

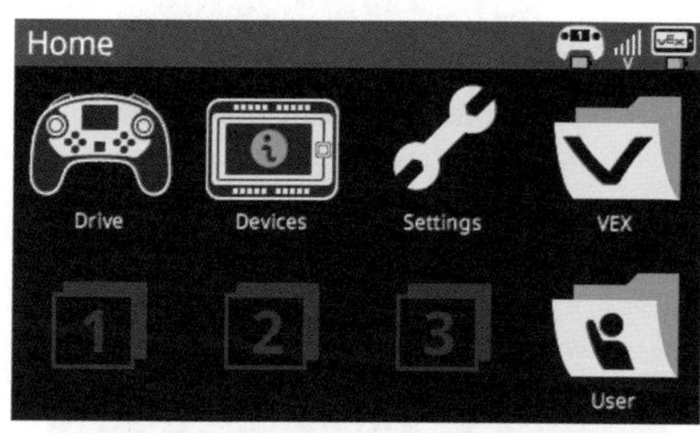

图5-11 验证无线连接

2. 遥控器与计算机相连

要实现无线下载，需要先将遥控器与对应主控器进行匹配，匹配成功后可直接将遥控器用USB连接线与计算机连接，调试好程序后即可进行无线下载，用户无需将下载线插到主控器上，可以直接通过遥控器下载程序，实现无线编程与调试。

3. 更新遥控器的固件

（1）将智能电缆线一端连接到V5遥控器上，如图5-12所示。

图5-12　将智能电缆线连接到V5遥控器

（2）通过智能电缆线将V5遥控器连接到V5主控器上，如图5-13所示。

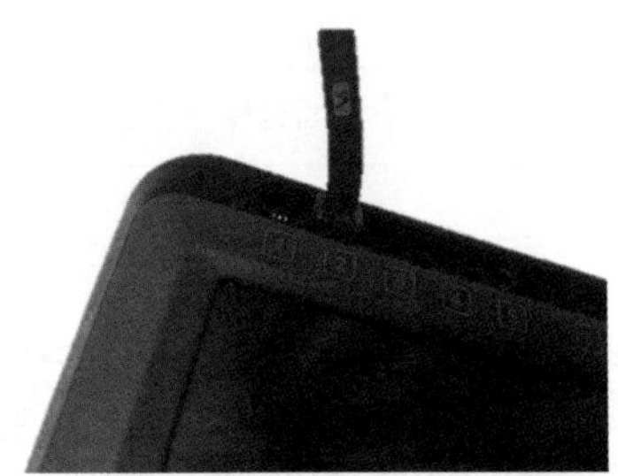

图5-13　连接V5遥控器和V5主控器

（3）打开主控器电源以及连接Wi-Fi模块。

（4）确认固件更新，如图5-14所示。

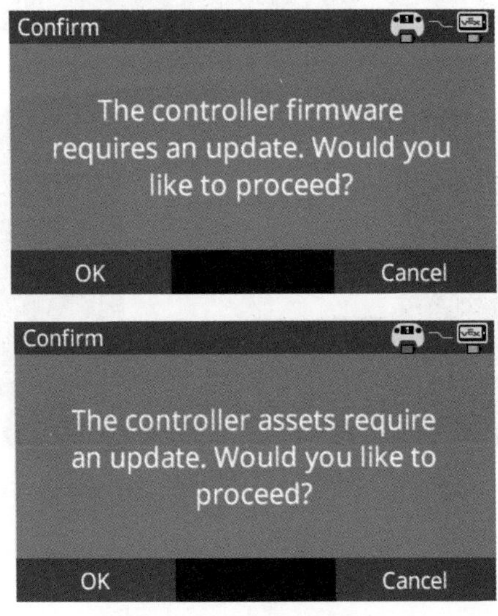

图5-14　确认固件更新

当你看到V5遥控器的屏幕出现此界面时，说明此固件不是V5主控器的最新固件，按“OK”（确定）开始遥控器的固件更新，若再次弹出继续跟新数据，继续按“OK”（确定）进行更新。

（5）校准遥控器：

a. 打开遥控器。

b. 找到“设置”图标并选择它。按箭头按钮突出巡视显示，按A按钮或向下镜头按钮选择设置。

c. 找到Calilbrate(校准)选项并按A按钮。

d. 旋转操作杆。用拇指将V5充电控制器上的操作杆尽可能地倾斜，然后把它们移动到整个运动范围的整圈，在图5-14中，左操作杆已经经过校准，右操作杆仍需要按上图箭头的方向进行校准。

e. 按A按钮完成校准。

f. 接收校准此窗口需要确认用户是否接受校准，如果用户接受它，请按A按钮;如果要再次校准操作杆，请按按钮A。

（6）重置遥控器：

a. 需要一个细长的工具。比如：六角扳手、VEX轴或回形针都可以（如图5-15所示）。

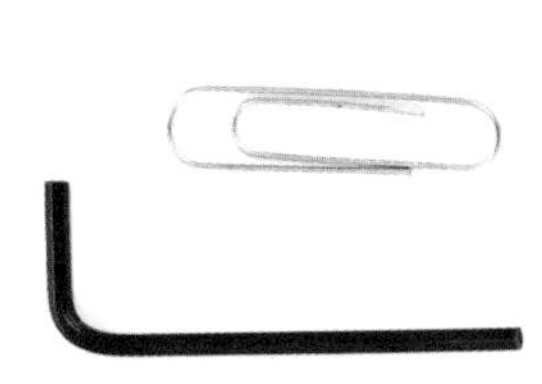

图5-15 细长的工具

b. 找到V5无线遥控器上的重置按钮。重置按钮是一个白色按钮，位于最靠近遥控器中心的孔的底部，如图5-16所示。

图5-16 重置按钮

c. 按下重置按钮；使用步骤a中的工具按住重置按钮5秒。然后松开按钮并重新打开遥控器电源开关，如图5-17所示。

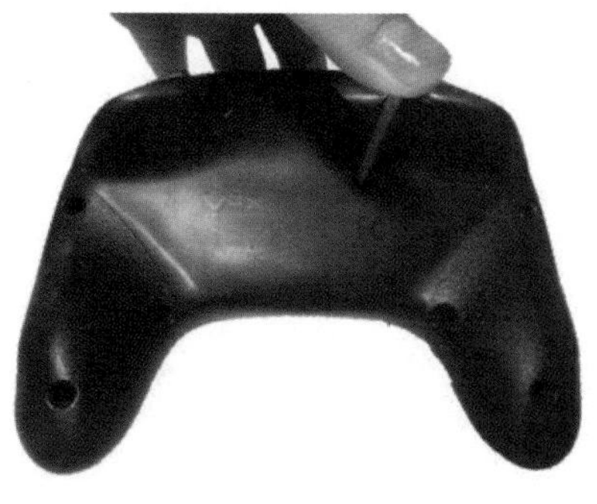

图5-17 按下重置按钮

三. 遥控器参数信息

（1）以下是遥控器参数和信息，如表5-2所示。

表5-2 遥控器参数

通道	范围		
Ch1右摇杆X轴	127（全右）	0（中间）	–127（全左）
Ch2右摇杆Y轴	127（全上）	0（中间）	–127（全下）
Ch3左摇杆Y轴	127（全上）	0（中间）	–127（全下）
Ch4左摇杆X轴	127（全右）	0（中间）	–127（全左）

（2）与VEXnet遥控器的区别：

a. V5遥控器充电仅需一小时，而VEXnet操纵杆的充电时间由所用的电池决定。

b. 内置可充电电池在充满电后可运行10小时，而VEXnet运行时间不到1小时。

c. V5控制器不需要额外的硬件，如VEXnet遥控器的VEXnet键。

d. V5遥控器可以直接使用 USB数据线连接到计算机上，进行无线编程和调试，前提是遥控器必须和对应主控器匹配成功。

e. 用户不再需要解释VEXnet操纵杆的27个LED红绿灯闪烁模式，用户可以通过V5遥控器直接阅读显示的内容，进行交互。

四、摇杆控制函数

1. Axis

功能：这个数组获取遥控器的操作杆的值，支持操作杆的Ch1到Ch4，返回值在–127到127之间。

示例：

```
int main()
{
while(1)
{
 //操作杆控制          leftMotor.spin(vex::directionType::fwd,(Controller1.Axis2.value());
//左电机由右操作杆Y轴控制  rightMotor.spin(vex::directionType::fwd,(Controller1.Axis3.value());
//右电机由左操作杆X轴控制

//按钮控制
    if(Controller.ButtonL1.pressing())               //当Up按钮被按下
 {
 shootMotor.spin(vex::directionType::fwd,50,vex::velocityUnits::pct);
//发射电机以百分之五十的速度前进;
              }
    else if(Controller1.ButtonL2.pressing())      //当Down按钮被按下
```

```
    {
shootMotor.spin(vex::directionType::rev,50,vex::velocityUnits::pct);
//发射电机以百分之五十的速度后退;
        }
    else ()             //当L1和L2都没有被按下的时候;
  {
   shootMotor.stop();      //发射电机静止不动;
       }
}
```

2. Controller 1——遥控器1

(1) Axis1

对应：右操作杆X轴。

示例：

```
While(1)
{
leftMotor.spin(vex::directionType::fwd,(Controller1.Axis1.value());
   //设置leftMotor由右操作杆X轴控制
}
```

(2) Axis2

对应：右操作杆Y轴。

示例：

```
While(1)
{
 leftMotor.spin(vex::directionType::fwd,(Controller1.Axis2.value());
   //设置leftMotor由右操作杆X轴控制
}
```

(3) Axis3

对应：左操作杆Y轴。

示例：

```
While(1)
{
  leftMotor.spin(vex::directionType::fwd,(Controller1.Axis3.value());
    //设置leftMotor由左操作杆Y轴控制
}
```

(4) Axis4

对应：左操作杆X轴。

示例：

```
While(1)
{
  leftMotor.spin(vex::directionType::fwd,(Controller1.Axis3.value());
     //设置leftMotor由左操作杆X轴控制
```

```
}
```

（5）ButtonL1

对应：按钮"L1"。

示例：

```
While (   Controller.ButtonL1.pressing() )  //当按钮 " L1 " 被按下时，
{
  leftMotor.stop();                          //左电机停止
  rightMotor.stop();                         //右电机停止
}
```

（6）ButtonL2

对应：按钮"L2"。

示例：

```
While (Controller.ButtonL2.pressing() )    //当按钮 " L2 " 被按下时，
{
  leftMotor.stop();                          //左电机停止
  rightMotor.stop();                         //右电机停止
}
```

（7）ButtonR1

对应：按钮"R1"。

示例：

```
While (Controller.ButtonR1.pressing() )    //当按钮 " R1 " 被按下时，
{
  leftMotor.stop();                          //左电机停止
  rightMotor.stop();                         //右电机停止
}
```

（8）ButtonR2

对应：按钮"R2"。

示例：

```
While (Controller.Button R2.pressing() )   //当按钮 " R2 " 被按下时，
{
  leftMotor.stop();                          //左电机停止
  rightMotor.stop();                         //右电机停止
}
```

（9）ButtonUp

对应：左边的按钮"▲"。

示例：

```
While (Controller. ButtonUp.pressing() )   //当按钮的 " ▲ " 被按下时，
{
   leftMotor.stop();                         //左电机停止
  rightMotor.stop();                         //右电机停止
}
```

（10）ButtonDown

对应：左边的按钮的"▼"。

示例：

```
While (Controller.ButtonDown.pressing())  //当按钮"▼"被按下时,
{
  leftMotor.stop();                        //左电机停止
  rightMotor.stop();                       //右电机停止
}
```

（11）ButtonLeft

对应：左边的按钮的"◀"。

示例：

```
While (Controller. ButtonLeft.pressing())//当按钮"◀"被按下时,
{
  leftMotor.stop();                        //左电机停止
  rightMotor.stop();                       //右电机停止
}
```

（12）ButtonRight

对应：左边的按钮"▶"。

示例：

```
While (Controller. ButtonRight.pressing())//当按钮"▶"被按下时,
{
  leftMotor.stop();                        //左电机停止
  rightMotor.stop();                       //右电机停止
}
```

（13）ButtonX

对应：右边的按钮"X"。

示例：

```
While (Controller.ButtonX.pressing())     //当按钮"X"被按下时,
{
  leftMotor.stop();                        //左电机停止
  rightMotor.stop();                       //右电机停止
}
```

（14）ButtonB

对应：右边的按钮"B"。

示例：

```
While (Controller.ButtonB.pressing())     //当按钮"B"被按下时,
{
  leftMotor.stop();                        //左电机停止
  rightMotor.stop();                       //右电机停止
}
```

（15）ButtonY

对应：右边的按钮"Y"。

示例：

```
While (Controller.ButtonY.pressing())      //当按钮"Y"被按下时
{
  leftMotor.stop(); //左电机停止
  rightMotor.stop();//右电机停止
}
```

（16）ButtonA

对应：右边的按钮"A"。

示例：

```
While (Controller.ButtonA.pressing())      //当按钮"A"被按下时
{
  leftMotor.stop();                        //左电机停止
  rightMotor.stop();                       //右电机停止
}
```

五、案例练习

【例5-1】动态获取遥控器按键数值，通过手推摇杆获取数值，最终在主控器屏幕上显示。

说明：Axis3表示遥控器左摇杆的Y轴，Axis4表示遥控器左摇杆的X轴。通过推遥控器的左摇杆并编程，能够在LCD上动态显示遥控器的数值。

首先要在程序中添加硬件：点击“▣”图标然后选择遥控器即可添加硬件，程序中会在robot-config.h和robot-config.cpp中自动添加相应代码，如图5-18所示。

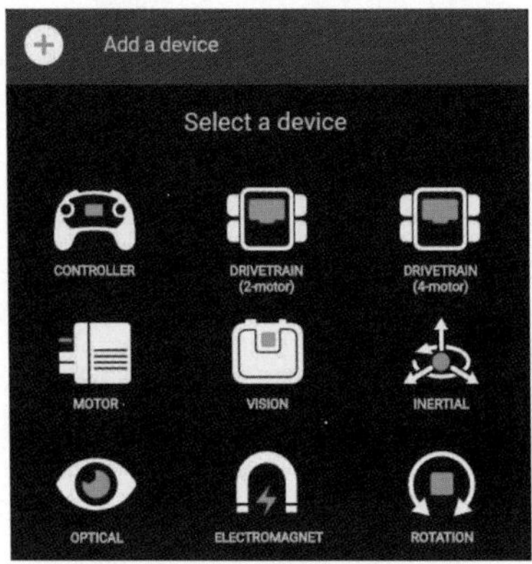

图5-18　在程序中添加硬件

程序如下：

```
int main() {
  // Initializing Robot Configuration. DO NOT REMOVE!
  vexcodeInit();
    while (1) {
    Brain.Screen.clearScreen(); //清屏
    Brain.Screen.printAt(20, 20, " Axis3:%d", Controller1.Axis3.value());
    //输出Y轴值（Y轴的值表示向前或向后）
```

```
    Brain.Screen.printAt(20, 40, " Axis4:%d", Controller1.Axis4.value());
    task::sleep(50);
  }
}
```

结果显示如图5-19所示：遥控器摇杆的数值在屏幕上动态显示。

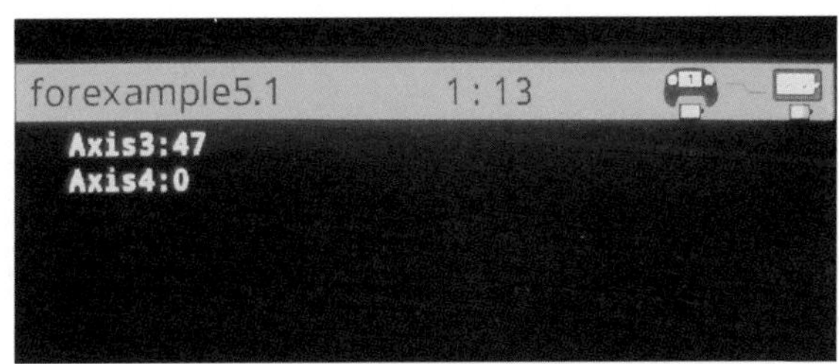

图5-19 遥控器摇杆的数值

注意：在实际调试机器人过程中，由于主控器已经安装在机器人上，我们观看屏幕不是特别方便，所以也可以将数值显示在遥控器上，程序如下。

程序：

```
int main() {
  // Initializing Robot Configuration. DO NOT REMOVE!
  vexcodeInit();
    while (1) {
    Controller1.Screen.setCursor(1,0);  设置显示位置;
    Controller1.Screen.clearScreen(); //清屏
    Controller1.Screen.print("Axis3:%4d", Controller1.Axis3.value());
    //输出X轴值（X轴的值表示向前或向后）
    Controller1.Screen.newLine();
   Controller1.Screen.print("Axis4:%4d", Controller1.Axis4.value());
    task::sleep(50);
  }
}
```

不同于主控器的是，遥控器没有printAt函数，需要使用setCursor（ ）来设置输出的行和列。利用“newLine();”函数来换行，如图5-20所示。

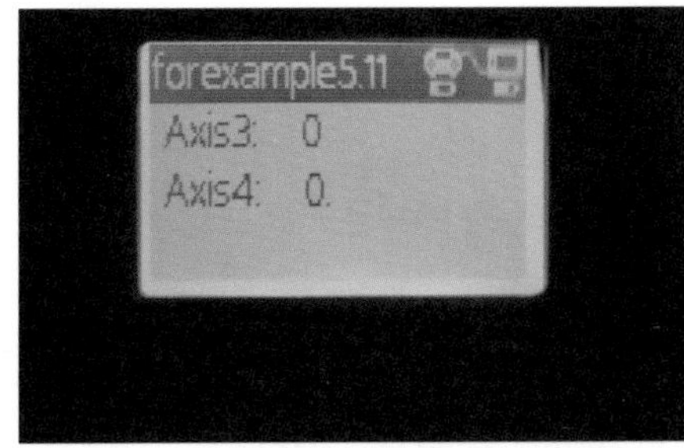

图5-20 换行显示

【例5-2】在遥控器屏幕中央显示一个数字，初始化为0，当按下遥控器的“L1”键，该数字增加1，按下“L2”键，该数字减少1。

程序：

```
int main() {
  int num = 0;
    while (1) {
    Controller1.Screen.setCursor(2, 8); //设置显示位置;
    Controller1.Screen.clearScreen();   //清屏
    if (Controller1.ButtonL1.pressing())
      num++;
    else if (Controller1.ButtonL2.pressing())
      num--;
    Controller1.Screen.print( "%3d" , num);
    wait(10, msec);
  }
}
```

结果显示如图5-21所示。

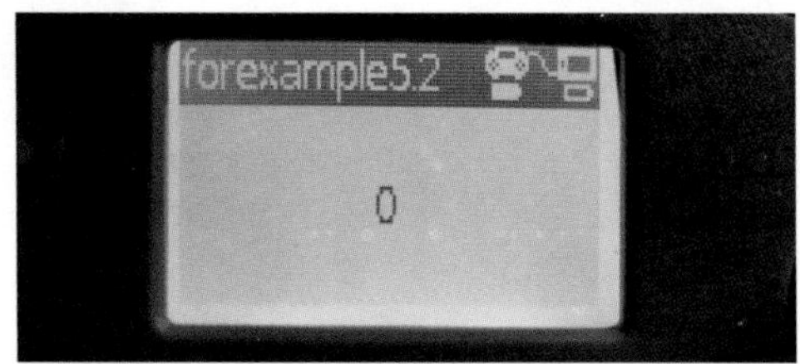

图5-21 在遥控器屏幕中央显示数值

分析：该程序可以实现在遥控器屏幕中央显示数值，但是存在的问题是按住按键的时候，数值持续地增加（或减少）。原因：由于系统函数pressing()只是检测按键被按下，则结果为真，循环一直执行，数值持续变化。优化程序如下所示。

程序：

```
int main() {
  int num =0;
  bool btnL1Flg = true, btnL2Flg = true;
  while(1)
  {
    if(Controller1.ButtonL1.pressing()){
      if(btnL1Flg)  {num++; btnL1Flg = false;}
    }
    else if(Controller1.ButtonL2.pressing()){
      if(btnL2Flg)  {num--; btnL2Flg = false;}
    }
    else {
      if(!btnL1Flg)  btnL1Flg = true;
      if(!btnL2Flg)  btnL2Flg = true;
```

```
    }
    Controller1.Screen.setCursor(2,8);  //设置显示位置;
    Controller1.Screen.clearScreen();   //清屏
    Controller1.Screen.print( "%d" , num);
    wait(100, msec);
  }
}
```

【例5-3】网红游戏：挑战10秒免单。按下遥控器按键“L1”开始计时，主控器屏幕中央显示“3！”“2！”“1！”，倒计时，显示时间，保留4位小数；按下遥控器按键“R1”结束计时，主控器屏幕上显示当前时间，保留3位小数；如果时间为“10.000”，则主控器屏幕中央显示“Sucessful！”，背景为黄色，否则显示“Lost”，背景为红色。

按“L1”键，继续游戏。

程序：

```
//设置两个标识变量，用来记录游戏是否开始和游戏是否结束。

bool isGameStart = false, isGameOver = false;
void BtnL1Pressed()
{
  isGameStart =true;
}
void BtnR1Pressed()
{
   if(isGameStart) {
 //如果R1被按下，并且游戏已经开始计时，则记录当前时间，并停止计时
     isGameOver = true;
     isGameStart = false;
  }
}
int main() {
  bool isReset = true;
  double myTimer =0.0;
  Controller1.ButtonL1.pressed(BtnL1Pressed);
  Controller1.ButtonR1.pressed(BtnR1Pressed);
  Brain.Screen.clearScreen();
  Brain.Screen.setCursor(4,15);
  Brain.Screen.print( "Press L1 to start!" );
  while(1)
  {
    if(isGameStart){
      Brain.Screen.clearLine(4);
      Brain.Screen.print( "Press R1 to stop!" );
      Brain.Screen.setCursor(5,23);
      Brain.Screen.print( "3!" );
```

```
      wait(1,sec);
      Brain.Screen.setCursor(5,23);
      Brain.Screen.print( "2!" );
      wait(1,sec);
      Brain.Screen.setCursor(5,23);
      Brain.Screen.print( "1!" );
      wait(1,sec);

      if(isReset) {Brain.resetTimer(); isReset = false;}
      myTimer = Brain.timer(sec);
      Brain.Screen.setCursor(5,20);
      Brain.Screen.print( "%2.4f" , myTimer);
    }
    else{
      if(isGameOver){
        if(fabs(myTimer-10.0000)<1e-4) {
          Brain.Screen.clearScreen(yellow);
          Brain.Screen.setCursor(5,20);
          Brain.Screen.print( "%2.4f" , myTimer);
          Brain.Screen.setCursor(4,18);
          Brain.Screen.print( "Success!" );
        }
        else{
          Brain.Screen.clearScreen(red);
          Brain.Screen.setCursor(5,20);
          Brain.Screen.print( "%2.4f" , myTimer);
          Brain.Screen.setCursor(4,18);
          Brain.Screen.print( "Failure!" );
        }
        wait(2,sec);
        isGameStart = false; isGameOver = false;
        isReset = true;
        Brain.Screen.clearScreen(black);
        Brain.Screen.setCursor(4,15);
        Brain.Screen.print( "Press L1 to start!" );
      }
    }
    wait(10, msec);
  }
}
```

【例5-4】开机密码：开机后，选择程序，主控器屏幕显示“请按正确的开机密码按键”，必须按“L”按键，才可以进行后续操控，并在主控器上显示“OK”，如果输入错误，则主控器屏幕显示为蓝色，并显示“ERROR”。

程序：

```
int main() {
  Brain.Screen.clearScreen();              //清屏
  Brain.Screen.setCursor(5,3);             //设置显示位置
  Brain.Screen.print( “Press the password key!” );
  while(1)
  {
    if(Controller1.ButtonL1.pressing()){
      Brain.Screen.setCursor(7,4);         //设置显示位置
      Brain.Screen.print( “OK!” );
      wait(2, sec);
      break;
    }
    bool isOtherBtnP = Controller1.ButtonL2.pressing()||
    Controller1.ButtonR1.pressing()  ||Controller1.ButtonR2.pressing()  ||
    Controller1.ButtonX.pressing()   ||Controller1.ButtonY.pressing()   ||
    Controller1.ButtonA.pressing()   ||Controller1.ButtonB.pressing()   ||
    Controller1.ButtonUp.pressing()  ||Controller1.ButtonDown.pressing()||
    Controller1.ButtonLeft.pressing()||Controller1.ButtonRight.pressing();
    if(isOtherBtnP) {
      Brain.Screen.clearScreen(blue);
      Brain.Screen.setCursor(5,4);                 //设置显示位置
      Brain.Screen.print( “ERROR!” );
      wait(2,sec);                                 //延时2秒后重置密码输入
      Brain.Screen.clearScreen(black);
      Brain.Screen.setCursor(5,3);                 //设置显示位置;
      Brain.Screen.print( “Press the password key!” );
    }
  }
  while(1)
  {
    Brain.Screen.clearScreen();                    //清屏
    Brain.Screen.printAt(100,100, “YOU HAVE ENTERED!” );
    wait(20, msec);                                //必要延时
  }
}
```

【例5-5】开机密码升级版：开机后，进入程序，主控器屏幕显示“请按正确的开机密码按键，您有3次机会”。必须按“L”按键，才可以进行后续操控，并在主控器上显示“OK”；如果输入错误，则主控器屏幕显示为蓝色，并显示“ERROR，还有2次机会”。如果3次都错，则显示“Game Over”，结束程序。

提示：重点是引入计数器变量，在实际比赛中非常实用，例如“七塔奇谋”赛季任务，可以用计数器来计算已经获取了几个方块。

程序：

```
int main() {
  int errorCounter = 0;
  Brain.Screen.clearScreen();                        //清屏
  Brain.Screen.printAt(120, 100, "Press the password key!" );
  Brain.Screen.printAt(120, 130, "You have 3 chances!" );
  while (1) {
    if (Controller1.ButtonL1.pressing()) {
      Brain.Screen.clearScreen(black);
      Brain.Screen.printAt(120, 130, "OK!" );     //设置显示位置
      wait(2, sec);
      break;
    }
    bool isOtherBtnP =
        Controller1.ButtonL2.pressing() || Controller1.ButtonR1.pressing() ||
        Controller1.ButtonR2.pressing() || Controller1.ButtonX.pressing() ||
        Controller1.ButtonY.pressing() || Controller1.ButtonA.pressing() ||
        Controller1.ButtonB.pressing() || Controller1.ButtonUp.pressing() ||
        Controller1.ButtonDown.pressing() ||
        Controller1.ButtonLeft.pressing() || Controller1.ButtonRight.pressing();
    if (isOtherBtnP) {
      errorCounter++;
      Brain.Screen.clearScreen(blue);
      if (errorCounter < 3) {
        Brain.Screen.printAt(120, 130, "Error! %2d Chances Left" ,3 - errorCounter);
//设置显示位置
        wait(2, sec);
      } else {
        Brain.Screen.printAt(120, 130, "Game Over!" );   //设置显示位置
        while (1) { ; }
      }
    }
  }
  while (1) {
    Brain.Screen.clearScreen();                          //清屏
    Brain.Screen.printAt(120, 130, "YOU HAVE ENTERED!" );
    wait(200, msec);                                     //必要延时
  }
}
```

【例5-6】开机密码加强版：开机后，选择程序，主控器显示“请按正确的开机密码按键，您有3次机会”，必须依次按“L1，R1，X，A”4个按键，才可以进行后续操控，并在主控器上显示“OK”，如果输入错误，则主控器屏幕显示为蓝色，并显示“ERROR”。如果3次都错，则显示“Game Over”，结束程序。

提示：结果是4个按键必须是按顺序依次按下才可以，同时还要考虑每个按键按下的时候，只记录一次。同例5-2中优化后的方法。

同时，本案例中要用4个按键，每个按键检测过程如果都写到主函数main( )中，会比较乱。在此引入自定义函数：如btnL1Pressed()等，在本书有关函数的章节会再次详细讲解。每个按键都有是否被按下的状态，用数组来记录。

程序：

```
int key[4] = {0};
int errorCounter = 0;
void btnL1Pressed()
{
  if(!key[0]) key[0] = 1;
  else errorCounter++;
}
void btnR1Pressed()
{
  if(key[0]&&(!key[1])) key[1] = 1;
  else errorCounter++;
}
void btnXPressed()
{
  if(key[1]&&(!key[2])) key[2] = 1;
  else errorCounter++;
}
void btnAPressed()
{
  if(key[2]&&(!key[3])) key[3] = 1;
  else errorCounter++;
}
int main() {
  Controller1.ButtonL1.pressed(btnL1Pressed);
  Controller1.ButtonR1.pressed(btnR1Pressed);
  Controller1.ButtonX.pressed(btnXPressed);
  Controller1.ButtonA.pressed(btnAPressed);
  Brain.Screen.clearScreen();   //清屏
  Brain.Screen.printAt(80,100,"Press the password keys in order!");
  Brain.Screen.printAt(150,140,"You have 3 chances!");
  while(1)
  {
    if(key[0]&&key[1]&&key[2]&&key[3]){
      Brain.Screen.clearScreen(black);
      Brain.Screen.printAt(230,140,"OK!");
      wait(2, sec);
      break;
```

```
        }
        bool isOtherBtnP =
        Controller1.ButtonL2.pressing()|| Controller1.ButtonR2.pressing()  ||Controller1.
ButtonY.pressing()||Controller1.ButtonB.pressing()    ||Controller1.ButtonUp.
pressing()||Controller1.ButtonDown.pressing()||Controller1.ButtonLeft.pressing()||
    Controller1.ButtonRight.pressing();
        if(isOtherBtnP||errorCounter){
          if(isOtherBtnP) errorCounter++;
          Brain.Screen.clearScreen(blue);
          if(errorCounter<3){
            Brain.Screen.printAt(140,140," Error! %2d Chances Left" , 3-errorCounter);
            wait(100, msec);
          }
          else{
            Brain.Screen.printAt(190,140," Game Over!" );
            while(1) {;}
          }
        }
      }
      while(1)
      {
        Brain.Screen.clearScreen();   //清屏
        Brain.Screen.printAt(150,100, "YOU HAVE ENTERED!" );
        wait(100, msec);              //必要延时
      }
    }
```

第六章

电机

一、电机介绍

电机是将电能转化为机械能的装置，能够使VEX机器人运动，V5电机按照分类可以叫作直流有刷减速电机，在一个普通的直流有刷电机输出轴上安装了行星减速装置，通过行星减速装置减小输出速度，增大输出转矩。我们可以通过V5主控器编程实现控制直流有刷电机两端电压的大小和方向，从而控制V5电机的转速和旋转方向，可以通过更换行星减速装置改变输出转速和转矩。

1. V5电机的功能

V5电机是经历数千小时的工程和分析设计出来的，用户可以控制电机的方向、速度、加速度、位置和扭矩，从而控制机器人的结构部件，如图6-1所示。相比传统的电机，V5电机在电机、齿轮、编码器、模块化齿轮盒、电路板以及热管理、包装和安装上做了很多完善。

图6-1 V5电机

V5电机提供有关其位置、速度、电流、电压、功率、扭矩、效率和温度的反馈数据，如图6-2所示。

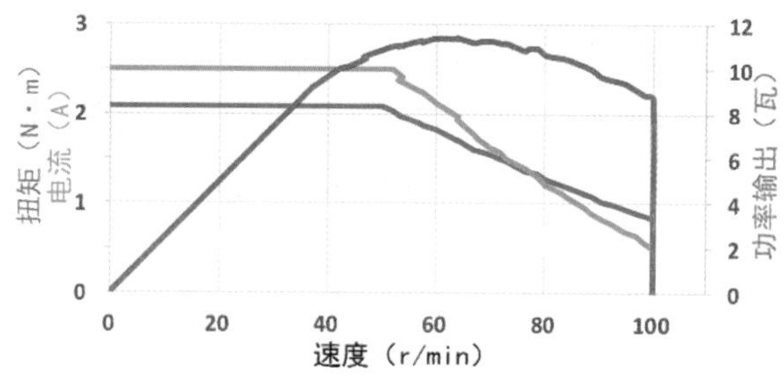

图6-2 电机的扭力、电流、功率参数

V5电机最大功率可达11W，最大扭矩为2.1N·m。V5电机的内部齿轮设计必须能够承受马达的动力和机器人结构带来的外力，金属齿轮用于高扭矩位置以提高强度。塑料齿轮用于低负载、高速位置，以实现平稳高效的运行。内部齿轮箱可由用户更换，如图6–3所示。

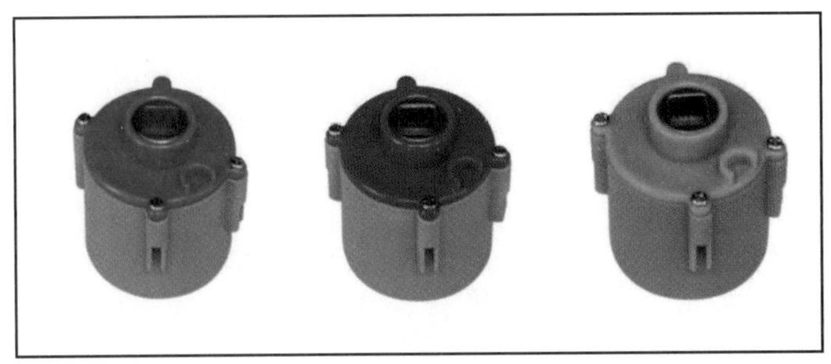

图6–3　3种不同的齿轮箱

2. 综合控制系统

电机的内部电路板可用于测量位置、速度、方向、电压、电流和温度。内部的微控制器运行自己的PID（比例–积分–微分），可以控制速度、位置、转矩、前馈增益和类似于工业机器人的运动规划。PID在内部以10毫秒的速率计算。电机的PID值由VEX预先调节，用户可以调整这些值，以针对特定应用调整电机的性能，获得更先进的机械系统。

高级用户可以绕过内部PID通过原始的、未改变的PWM（脉冲宽度调制）进行直接控制。与PID控制一样，PWM仍然具有相同的限制，可以保持电机的性能一致。

V5电机最独特的功能之一是完全一致的性能。电机内部的电压略低于电池的最低电压，电机的功率精确控制在（+/–）1%。也就是说无论电池电量或电机温度如何，电机在每次匹配和每次自动运行时都会执行相同的操作。如果电机达到其温度限制，性能会自动降低，以确保不会发生损坏，也就是热饱和现象。为了确保持续运行，电机会监控内部温度。如果电机接近不安全的温度，用户会收到警告。

3. 反馈数据

V5电机可计算出精确的输出功率，效率和扭矩，让用户可以随时了解电机的性能，并且以0.02的精确度反馈其位置和角度，所有数据都会在电机仪表板上报告并绘制成图表，如图6–4所示。

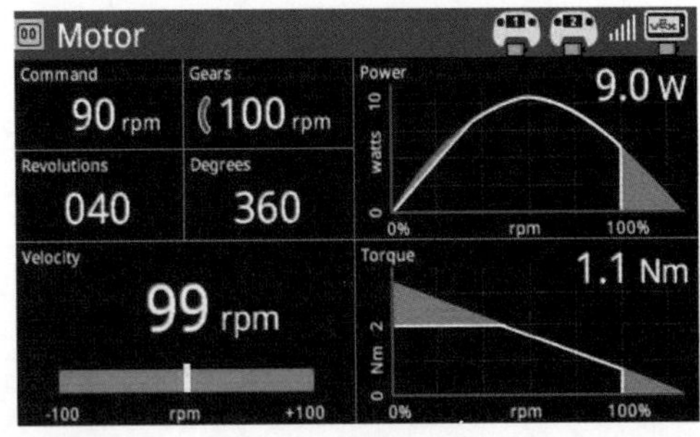

图6–4　电机仪表板

4. V5电机的特点

（1）用户可自行更换V5电机内置的齿轮减速箱，通过3种不同的齿轮箱来输出不同的齿轮比，红色的减速箱对应输出的齿轮比为36:1（100rpm），适用于高扭矩和低速；绿色的齿轮输出比为18:1(200rpm)，是传动系统应用的标准传动比；蓝色的齿轮输出比为6:1（600rpm），用于低扭矩和高速的，如飞轮或其他快速移动的结构。

（2）V5电机在峰值和连续工作期间可以保持始终如一的11W功率水平，这使得V5电池即使在电量不足的情况下也可提供稳定可靠的性能，V5电机规格如表6-1所示。

表6-1 V5电机规格

速度	大约100/200/600rpm
峰值功率	11W
持续动力	11W
最大扭矩	2.1N·m
电池性能低	100%功率输出
反馈	位置、速度、电流、电压、功率、转矩、效率、温度
编码器	1800rpm，36∶1齿轮 900rpm，18∶1齿轮 300rpm，6∶1齿轮

二、硬件连接与软件设置

V5控制器提供21个智能端口，用来接电机、智能传感器、Wi-Fi模块等设备（如图6-5所示）。当电机通过数据线连接到主控器的任何一个端口时，主控器可以自动识别，电机端口的红色指示灯常亮。并且在主控器的device界面下会自动显示连接的端口号。

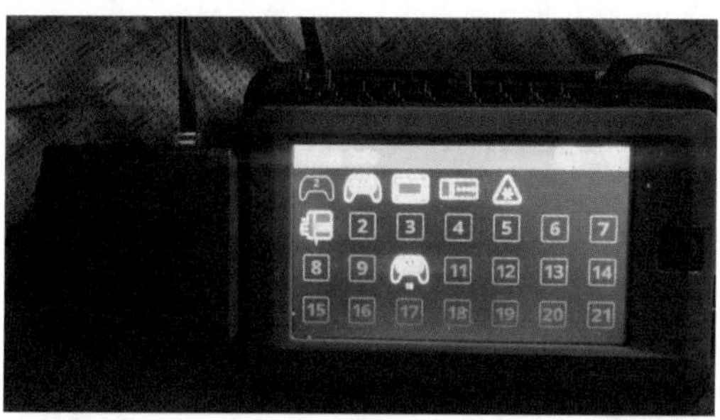

图6-5 V5控制器提供21个智能端口

点击端口号对应的电机，可以直接进行测试，如图6-6所示。

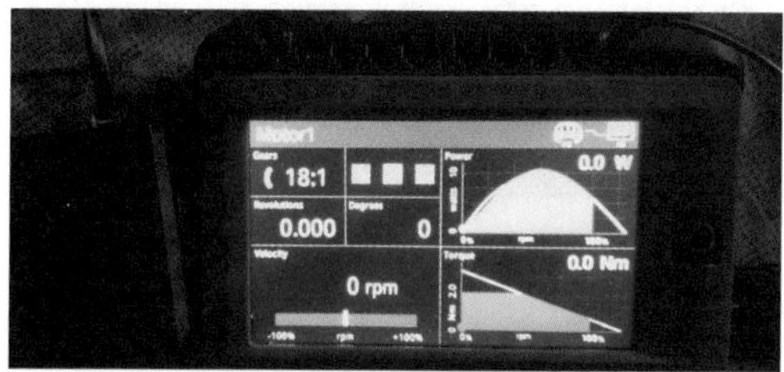

图6-6 测试界面

软件设置：在VEXcode V5 text软件中，提供了快速设置电机的图形化界面，单击菜单栏右侧的配置按钮，如图6-7所示。

图6-7 单击配置按钮

在配置界面中选择添加一个新的设备，如图6-8所示。

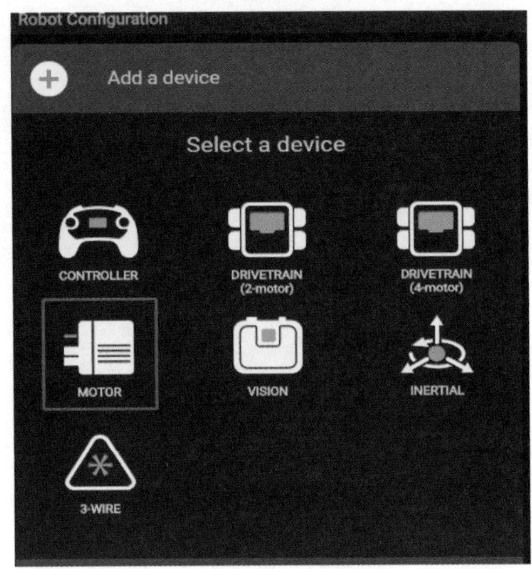

图6-8 添加新设备

选中MOTOR对象，并且指定连接的主控器端口号。最后对电机进行参数配置，如图6-9所示。

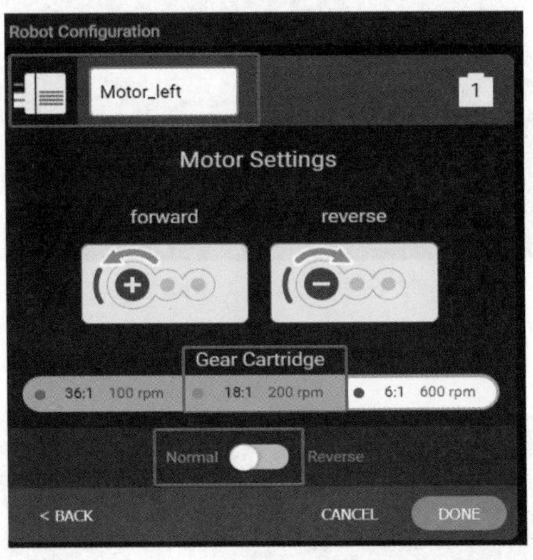

图6-9 对电机进行参数配置

我们可以设置电机的名称（例如：Motor_left，用于程序中调用电机相关函数）、转速等参数。当设置完成，点击“DONE”按钮后，在主程序的robot-config.h头文件中自动增加声明函数：

```
extern motor Motor_left;
```

而对应的robot-config.cpp文件中自动增加配置函数：

```
motor Motor_left = motor(PORT1, ratio18_1, true);
```

三、电机函数

电机转速范围为-100（全反转）到0（停止）到100（全转）。

接下来就是电机相关函数参数，运用电机的函数可以使电机转起来。

（1）Motor.setReversed

格式：setReversed(bool value)

功能：setReversed的输入参数是一个布尔类型的，当电机需要反转时可以使用该函数。

示例：

setReversed(true) //反转

setReversed(false) //不反转

（2）Motor.setVelocity

格式：setVelocity(double velocity ,velocityUnits units)

功能：设置电机的速度大小和单位，但是电机不会动。

示例：

LeftMotor.setVelocity(50, velocityUnits::pct)；

RightMotor.setVelocity(50, velocityUnits::pct)；

//设置左右电机的速度分别为总功率的50%

（3）Motor.setStopping

格式：setStopping(brakeType mode)

功能：设置电机的模式（包含3种：brake，coast，hold）。

示例：Setstopping(brake)

（4）Motor.resetRotation

格式：resetRotation()

功能：重置电机编码器的值为0。

示例：

（5）Motor.setRotation

格式：setRotation(double value ,rotationUnits units)

功能：将编码器的值设置到指定值和单位。

示例：setRotation(50,deg)

（6）Motor.setTimeout

格式：setTimeout（int32_t time,timeUnits units ）

功能：设置电机转动的时间及单位。

示例：

（7）Motor.setMaxTorque

格式：setMaxTorque（double value,percentUnits units ）

功能：设置电机的最大扭矩 。

示例：int torque =10

setMaxToque(torque++),percentunits::pct);

（8）Motor.spin

格式1：spin(directionType dir)

功能：使电机以特定的方向旋转。

示例：LeftMotor.spin（directiontype::fwd）

LeftMotor.spin（directiontype::fwd）

//电机以某一特定的速度沿特定的方向旋转

格式2：spin(directionType dir,double velocity, velocityUnits units)

功能：使电机以某一特定的方向和速度旋转。

（9）Motor.rotateTo

格式：rotateTo(double rotation,rotationUnits units,double velocity,velocityUnits units_v,bool waitForCompletion=true)

功能：使电机以某一特定的速度旋转，直到完全达到目标值。

（10）Motor.rotateFor

格式1：rotateFor(double rotation,rotationUnits units,double velocity ,velocityUnits units_v ,bool waitFor-Completion=true)

功能：打开电机并将其旋转到指定速度的相对目标旋转值。

格式2：rotateFor（double time,timeUnits units,double velocity,velocityUnits units_v）

功能：打开电机并将其旋转到指定速度的相对目标时间值。

（11）Motor.startRotateTo

格式：startRotateTO（double rotation,rotationUnits units,double velocity,velocityUnits units_v）

功能：开始将电机旋转到绝对目标旋转值但不等待电机达到该目标值。

（12）Motor.startRotateFor

格式：startRotateFor（double rotation,rotationUnits units,double velocity,velocityUnits units_v）

功能：开始将电机旋转到绝对目标旋转值但不等待电机达到该目标值。

（13）Motor.stop

格式：stop(void)

功能：stop函数提供了3种模式，默认为brake模式。

brake模式：急刹模式，直接通过内部电路，控制电机强制停止在当前位置，然后再释放。

coast模式：缓停模式，直接断掉电机的电源，直接释放，电机靠惯性还可以继续运动。

hold模式：锁死模式，直接通过内部电路，控制电机强制停止在当前位置，并将电机锁死在当前位置。

示例：leftMotor.stop();

RightMotor.stop();

或者：leftMotor.stop(coast);

RightMotor.stop(coast);

【例6-1】让一个电机正转3圈，反转3圈。

提示：首先将电机插在主控器14号端口上，名称设置为Motor14，在本章后续案例中同样设置，不再单独说明。

程序：

```
int main() {
  // Initializing Robot Configuration. DO NOT REMOVE!
  vexcodeInit();
  Motor14.setVelocity(360, dps);//设置电机转速：360度/秒
  Motor14.spin(fwd);
  wait(3, sec);
  Motor14.stop();
  wait(1, sec);
  Motor14.spin(reverse);
  wait(3, sec);
  Motor14.stop();
  wait(1, sec);
}
```

【例6–2】显示电机温度。

程序：

```
int main() {
  // Initializing Robot Configuration. DO NOT REMOVE!
  vexcodeInit();
  Motor14.spin(fwd);
  while (1) {
    double t = Motor14.temperature(celsius);
    Brain.Screen.printAt(200, 120, "%2.1f" , t);
    wait(100, msec);
  }
}
```

该用法在实际比赛中非常有用，尤其是自动程序中，可以根据电机温度的变化，来判断机器人是否撞到障碍物，从而优化自动程序路线。

【例6–3】控制电机空载全速运动4秒，以50%的速度运动4秒，以10%的速度运动4秒，实时在主控器上显示运动速度。

提示。

（1）V5电机自带的齿轮箱是绿色的，齿轮输出比为18∶1，最快转速为200rpm。

（2）V5电机自带运动函数spin，带有3个参数：正反转、转速值、转速单位。其中转速又支持用参数控制转速单位：dps（度/秒），rpm（转/分），pct（百分比）。

（3）为了实时监测电机速度，V5电机自带运动速度函数velocity，支持用参数返回不同转速单位：dps（度/秒），rpm（转/分），pct（百分比）。

注意：spin是具体执行运动动作，而velocity是检测返回实时数据。

程序：

```
int main() {
  // Initializing Robot Configuration. DO NOT REMOVE!
```

```
  vexcodeInit();
  while (Brain.timer(sec) < 4) {
    Motor14.spin(fwd, 100, pct);
    Brain.Screen.printAt(100, 120, "100%%Vmax = %3.1f rpm ",Motor14.velocity(rpm));
    wait(200, msec);
  }
  while (Brain.timer(sec) < 8) {
    Motor14.spin(fwd, 50, pct);
    Brain.Screen.printAt(100, 120, " 50%%Vmax = %3.1f rpm ", Motor14.velocity(rpm));
    wait(200, msec);
  }
  while (Brain.timer(sec) < 12) {
    Motor14.spin(fwd, 10, pct);
    Brain.Screen.printAt(100, 120, " 10%%Vmax = %3.1f rpm ", Motor14.velocity(rpm));
    wait(200, msec);
  }
  Motor14.stop();
}
```

【例6-4】显示电机扭力。

提示：setMaxTorque函数用来设置电机输出的最大扭矩，带有2个参数，一个是扭力数值，一个是扭力单位。

Torque是电机自带的力矩检测函数，可以返回电机当前实时扭矩。

```
int main() {
  // Initializing Robot Configuration. DO NOT REMOVE!
  vexcodeInit();
  while (1) {
    Motor14.setMaxTorque(100, pct);
    Motor14.spin(fwd, 20, pct);
    Brain.Screen.printAt(150, 120, "T = %1.4fNm ", Motor14.torque(Nm));
    wait(20, msec);
  }
}
```

【例6-5】控制电机加速运动2秒，匀速运动2秒，减速运动2秒。

```
int main() {
  // Initializing Robot Configuration. DO NOT REMOVE!
  vexcodeInit();
  Motor14.spin(fwd, 20, pct);
  for (int i = 1; i <= 100; i++) {
    Motor14.spin(fwd, i, pct);
    wait(20, msec);
  }
  wait(2, sec);
  for (int i = 100; i <= 1; i--) {
```

```
      Motor14.spin(fwd, i, pct);
      wait(20, msec);
    }
    Motor14.stop();
  }
```

【例6-6】控制电机加速运动2秒，匀速运动2秒，减速运动2秒，并绘制电机转速—时间曲线图，采样周期为20毫秒。

```
void drawFrame()
{
  Brain.Screen.clearScreen(black);
  Brain.Screen.setPenColor(white);
  Brain.Screen.drawRectangle(20, 10, 400, 220);
  Brain.Screen.drawLine(20, 120, 420, 120);
  Brain.Screen.printAt(25, 15, "V/rpm");
  Brain.Screen.printAt(25, 30, "200");
  Brain.Screen.printAt(430, 225, "t/s");
  Brain.Screen.printAt(430, 240, "8");
  Brain.Screen.setPenColor(green);
}
int main() {
  // Initializing Robot Configuration. DO NOT REMOVE!
  vexcodeInit();
  drawFrame();
  for(int i=1; i<=100; i++){
    Motor14.spin(fwd, i, pct);
    wait(20, msec);
    Brain.Screen.drawPixel(20+i, 220-Motor14.velocity(rpm));
  }
  for(int i=1; i<=100; i++){
    wait(20, msec);
     Brain.Screen.drawPixel(120+i, 220-Motor14.velocity(rpm));
  }

  for(int i=1; i<=100; i++){
    Motor14.spin(fwd, 100-i, pct);
    wait(20, msec);
    Brain.Screen.drawPixel(220+i, 220-Motor14.velocity(rpm));
  }
  Motor14.stop();
}
```

运行结果如图6-10所示：

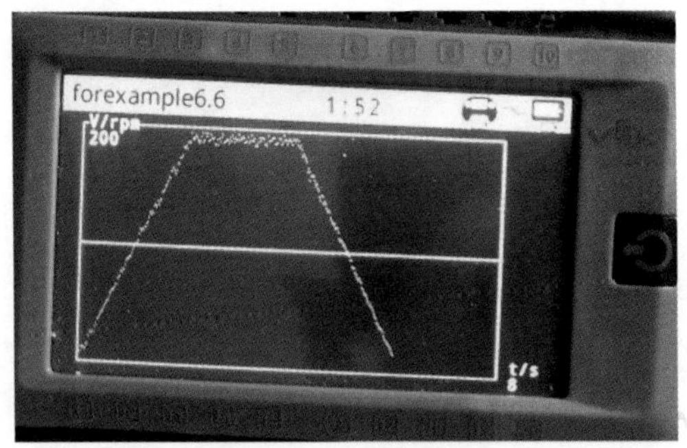

图6-10　程序运行结果

【例6-7】用遥控器2号通道控制电机运动，在主控器屏幕上实时显示运动曲线。

```
void drawFrame() {
  //同例6-6
}
int main() {
  // Initializing Robot Configuration. DO NOT REMOVE!
  vexcodeInit();
  drawFrame();
  int x = 0;
  while (1) {
    if (x >= 400) {
      x = 0;
      drawFrame();
    }
    Motor14.spin(fwd, Controller1.Axis2.value(), pct);
    wait(20, msec);
    Brain.Screen.drawPixel(20 + x, 120 - Motor14.velocity(rpm) / 2.0);
    x++;
    if (Controller1.ButtonB.pressing())  //按遥控器B按键结束测试
      break;
  }
  Motor14.stop();
  Brain.Screen.clearScreen(black);
}
```

四、编码器

1. 编码器的介绍

编码器（encoder）是将信号（如比特流）或数据进行编制并转换为可用以通信、传输和存储的信号形式的设备。编码器把角位移或直线位移转换成电信号，前者称为码盘，后者称为码尺。按照读取方式，编码器可以分为接触式和非接触式两种；按照工作原理，编码器可分为增量式和绝对式两类。增量式编码器是将位移转换成周期性的电信号，再把这个电信号转变成计数脉冲，用脉冲的个数表示位移的大小。

绝对式编码器的每一个位置对应一个确定的数字码，因此它的示值只与测量的起始和终止位置有关，与测量的中间过程无关。编码器如图6-11所示。

图6-11 编码器

编码器的作用：它是一种将旋转位移转换成一串数字脉冲信号的旋转式传感器，这些脉冲能用来控制角位移，如果编码器与齿轮条或螺旋丝杠结合在一起，也可用于测量直线位移。

旋转编码器是用来测量转速的装置，配合PWM技术可以实现快速调速，光电式旋转编码器通过光电转换，可将输出轴的角位移、角速度等机械量转换成相应的电脉冲以数字量输出（REP）。

编码器分为单路输出和双路输出两种。技术参数主要有每转脉冲数（几十个到几千个都有）和供电电压等。单路输出是指旋转编码器的输出是一组脉冲，而双路输出的旋转编码器输出两组A/B相位差90度的脉冲，通过这两组脉冲不仅可以测量转速，还可以判断旋转的方向。

2. 对应函数

（1）Encoder.resetRotation

格式：resetRotation(void)

功能：重置的旋转编码器为零。

示例：Motor 14. resetRotation( )；//重置电机Motor 14编码器的角度值

（2）Encoder.setRotation

格式：setRotation(double val, rotationUnits units)

功能：设置编码器为一个特定值。

示例：Motor 14. SetRotation(30.0,roationUnits::deg) //将当前Motor 14编码器角度值设置为30°

（3）Encoder.rotation

格式：Rotation(double val, rotationUnits units)

功能：得到编码器的值。

示例：

Brain.Screen.printAt(1,20, “Encoder value:%f degrees” ,Encoder.rotation(roationUnits::deg));

//在屏幕上显示编码器的角度值

（4）Encoder.velocity

格式：velocity(velocityUnits units)

功能：得到编码器的速度值。

示例：

Brain.Screen.printAt(1,40, “Encoder speed:%f degrees/sec” ,Encoder.velocity(velocityUnits::dps));

//在屏幕上显示编码器的速度值

【例6-8】用编码器控制电机正转3圈，反转3圈。

提示：在例6-1中，利用时间延时函数只能大概地进行旋转控制，不能够准确转到目标位置，多次执行后会有比较大的误差。利用内置编码器函数可以精确控制电机转动。

```
int main() {
  // Initializing Robot Configuration. DO NOT REMOVE!
  vexcodeInit();
  Motor14.setVelocity(20, pct);
  Motor14.resetRotation();
  while (Motor14.position(rev) < 3) {
    Motor14.spin(fwd);
  }
  Motor14.stop();
  wait(1, sec);
  while (Motor14.position(rev) >0) {
    Motor14.spin(reverse);
  }
  Motor14.stop();
}
```

【例6-9】用编码器测试电机转速，并与系统函数的电机转速进行比较。

提示：为熟悉电机控制，可以使用角速度作为电机转速单位。每0.2秒读取一次电机编码器的角度变化，计算出角速度，同时编码器清零。

```
int main() {
  // Initializing Robot Configuration. DO NOT REMOVE!
  vexcodeInit();
  Motor14.setVelocity(360, dps);                        //默认25%的最大转速
  Motor14.spin(fwd);
  while(1){
    Motor14.resetRotation();
    wait(0.2, sec);                                     //延时0.2秒
    double myVelocity = Motor14.rotation(deg)/0.2;      //计算0.2秒内的平均速度
    double encoderV = Motor14.velocity(dps);
    Brain.Screen.printAt(100,120,"myVelocity = %4.1fdps",myVelocity);
    Brain.Screen.printAt(120,160,"encoderV = %4.1fdps",encoderV);
  }
}
```

测试结果为二者结果相同，系统本身也是这样来测试电机转速的。

第七章

输入输出设备

一、输入设备

1. 传感器

传感器（transducer/sensor）是一种能够探测和感受外界信号、物理条件（如光、热、湿度）或化学组成（如烟雾），并将探知的信息转化成容易处理的电信号或数字信号的物理装置，它是实现自动检测和控制的首要环节。

人们从外界获取信息，主要借助于眼睛、耳朵、鼻子等感觉器官，在VEX机器人设计中，传感器就相当于人的感觉器官，它是机器人获得外界环境信息的重要装置，传感器的性能往往决定了一个机器人智能化的高低。传感器按照其输出信号的不同，可简单地分为模拟传感器和数字传感器。模拟传感器输出模拟量，一般指一定范围的电压值；数字传感器输出数字量，数字量只有两个值，即1和0，一般将高电压记为1，将低电压记为0。

V5主控器上有8个3线端口可供用户使用，既可以接入模拟传感器也可以接入数字传感器。用户也可以根据需求进行扩展。

V5主控器上的21个智能端口也可以直接接传感器，目前提供的传感器包含视觉传感器和惯性传感器。

（1）analog_in (triport::port &port)

功能：定义模拟输入对象，输入参数为3线端口的端口号。

示例：vex::analog_in Analog_in = vex::analog_in(Brain.ThreeWirePort.A);

（2）Analog_in.value(analogUnits units)

功能：返回模拟输入对象的模拟量值，输入参数为模拟值单位，有pct、mV、range8bit、range10bit和range12bit。

示例：Brain.Screen.printAt(20,20,"percent: %d", Analog_in.value(vex::analogUnits:: deg));

（3）digital_in (triport::port &port)

功能：定义数字输入对象，输入参数为3线端口的端口号。

示例：vex::digital_in Digital_in = vex::digital_in(Brain.ThreeWirePort.B);

（4）Digital_in.value( )

功能：返回数字输入对象的高低电平值。

示例：Brain.Screen.printAt(20,20,"High_or_Low: %d", Digital_in.value());

（5）digital_out (triport::port &port)

功能：定义数字输出对象，输入参数为3线端口的端口号。

示例：vex::digital_out Digital_out = vex::digital_out(Brain.ThreeWirePort.C);

（6）Digital_out.set(bool value)

功能：设置数字输出对象对应端口的高低电平，输入参数为true或false，对应输出高电平或低电平。

示例：Digital_out.set(true);

（7）Digital_out.value( )

功能：返回数字输出对象当前的高低电平状态。

示例：Brain.Screen.printAt(20,20,"High_or_Low: %d", Digital_out.value());

2. 模拟传感器

（1）角度传感器

角度传感器如图7-1所示，角度传感器产品状况如表7-1所示。

图7-1 角度传感器

表7-1 角度传感器产品说明及特性表

产品说明	含角度传感器1个，3″螺母柱2个，配套装配螺丝4个
特性	1. 转动角度达270度左右 2. 具有角度记忆功能 3. 配合马达一起使用，可以得到比伺服器更精准的转动角度

工作原理：角度传感器（Potentiometer）是用来测量角位置的电气装置，用户可以通过轴转动连接到电位计中心的滑块来改变电位计的电阻，电位计电阻的变化将引起它上面分配到的电压的变化，主控器可以探测到这个与轴转动成正比例的电压变化，确定一个角位置的参数。

这是一个测量角度的传感器，是一个模拟信号传感器，因此我们将它插在主控器的模拟端口。它可以控制电机转动的角度；自身没有动力装置，要与电机一起使用；具有记忆功能，在使用之前要进行复位。

角度传感器的角度范围是0~270度；取值范围是0~4095；角度传感器具有记忆功能，即使用之前它的角度在什么位置，那么在使用时它仍然会检测到当前的角度值，所以在使用之前最好以0或4095为基准进行复位。把角度传感器标有VEX字样的一面正对自己，顺时针转动它的中心孔，数值会由小变大，逆时针转动则数值会由大变小。

角度传感器的安装：角度传感器通过轮轴与机械臂齿轮连接，通过改变齿轮的大小可以扩大测量的角度。

硬件连接和配置：固定好角度传感器和主控器，将角度传感器的3线插针插入主控器侧面的3线端口。需要注意的是VEX的3线端口具有防反插功能，插针顺着正确方向才能插入。

在VEXcode V5 Text中配置3线传感器和配置电机类似。点击配置图标“■”，右侧会弹出Robot Configuration界面，单击“Add a device”（添加设备），再点击3线设备，选择“POTENTIOMETER”，再确定端口号，设备名称可以使用默认名称，也可以修改，如图7-2所示。

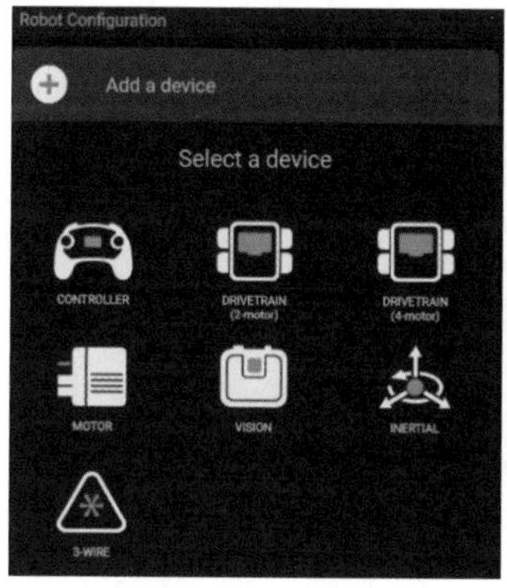

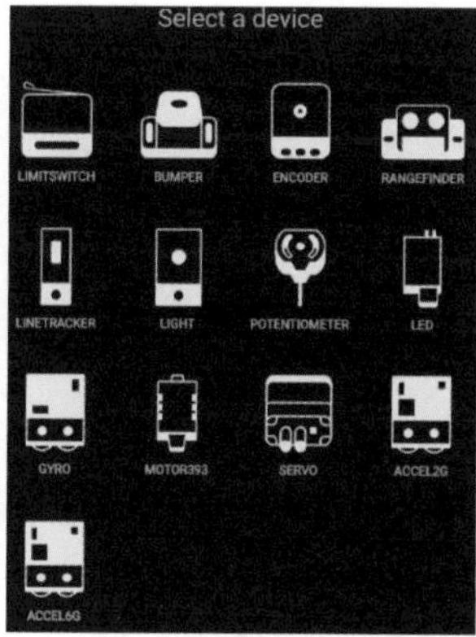

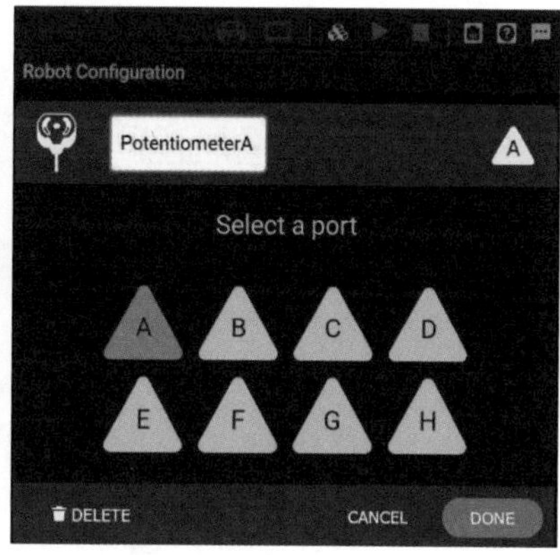

图7-2 配置3线传感器

【例7-1】当转动轴的时候，角度传感器的数值输出到显示屏中。在角度传感器中间加一根轴，在转动轴的时候就能够读出角度传感器转动的数值。

配置：

```
// [Name]                [Type]        [Port(s)]
// PotA                   pot           A
```

//robot-config.cpp中自动生成的相关代码：

```
pot PotA = pot(Brain.ThreeWirePort.A);
```

程序：

```
//main.cpp中主函数代码
int main() {
  vexcodeInit();
  while(1)
  {
   Brain.Screen.clearScreen();
   Brain.Screen.printAt(20,20,"deg: %3.1f",PotA.angle(rotationUnits::deg));
   Brain.Screen.printAt(20,40,"analog: %4d",PotA.value(analogUnits::range12bit));
   Brain.Screen.printAt(20,60,"analog: %4dmV",PotA.value(analogUnits::mV));
   wait(20, msec);
  }
```

【例7-2】用角度传感器来控制电机在10° ~ 180° 范围内进行转动（模拟夹取工作）。

提示：本案例是用遥控器来控制电机开始旋转和停止旋转。当按下ButtonL1时，电机转动到10°并锁定；当按下ButtonR1时，电机转动到180° 并锁定。

配置：

```
// [Name]                [Type]        [Port(s)]
```

```
// PotA                    pot           A
// Controller1             controller
// Motor14                 motor         14
```

//robot-config.cpp中自动生成的相关代码：

```
pot PotA = pot(Brain.ThreeWirePort.A);
controller Controller1 = controller(primary);
motor Motor14 = motor(PORT14, ratio18_1, true);
```

程序：

```
int main() {
  vexcodeInit();
  while(1){
    if(Controller1.ButtonL1.pressing())      {
      while(1){
        double myAngle = PotA.angle(deg);
        if(fabs(myAngle-10.0)<=2.0) {Motor14.stop(); break;}
        else if(myAngle-10.0>2) Motor14.spin(reverse);
        else if(myAngle-10.0<-2) Motor14.spin(fwd);
      }
    }
    else if(Controller1.ButtonR1.pressing()) {
        while(1){
          double myAngle = PotA.angle(deg);
          if(fabs(myAngle-80.0)<=2.0) {Motor14.stop(); break;}
          else if(myAngle-80.0>2) Motor14.spin(reverse);
          else if(myAngle-80.0<-2) Motor14.spin(fwd);
        }
    }
    else Motor14.stop();
  }
}
```

【例7-3】测出角度传感器检测一次所需的时间。

提示：传感器的时延就是数据传感器进行一次工作所需的时间。

配置：

```
// [Name]                  [Type]        [Port(s)]
// PotA                    pot           A
```

//robot-config.cpp中自动生成的相关代码：

```
pot PotA = pot(Brain.ThreeWirePort.A);
```

程序：

```
int main() {
  // Initializing Robot Configuration. DO NOT REMOVE!
  vexcodeInit();
  double myAngle = 0.0;
  double mytimer = 0.0;
```

```
  while(1){
    Brain.Screen.clearScreen();
    Brain.Timer.reset();
    for(int i=0; i<1000000; i++)                 //连续采样100万次
      { myAngle = myAngle + PotA.angle(deg); }
    mytimer = Brain.Timer.time(msec)/1000.0;     //mytimer单位是微秒（μs）
    myAngle = myAngle/1000000.0;

    Brain.Screen.printAt(20,20,"sample interval: %1.3fμs", mytimer);
    Brain.Screen.printAt(20,40,"average angle: %3.1f", myAngle);
    wait(1, sec);
  }
}
```

结果显示：程序执行100万次所需要的时间是稳定的，是29.7微秒，因此我们可以算出执行一万次所用的时间大约为0.297微秒。

（2）巡线传感器

巡线传感器（Line Tracker）常常用来自主引导机器人沿着不同的路径行走，如图7-3所示。巡线传感器包括一个红外LED灯和一个红外线传感器，如图7-4和图7-5所示。它是模拟传感器用来检测颜色的传感器。把颜色的深浅由白到黑的范围定义为0至1024。值越小表示颜色越浅，值越大表示颜色越深。

图7-3 巡线传感器

图7-4 红外LED灯

图7-5 红外线传感器

巡线传感器相关特性见表7-2。

表7-2 巡线传感器产品说明及特性表

产品说明	包括巡线传感器3个，配套支撑铁条1个，配套螺丝、螺母各5个
特性	通过红外线反射来检测外界颜色

工作原理：巡线传感器向周围的环境中发射红外线，然后传感器感应周围反射回来的光线，根据反射光的强度来决定反射表面的反射率。淡色的表面比暗色的表面要反射更多的紫外线，这样传感器看起来就更明亮。这样传感器就可以探测到白色表面的一条黑线或黑色表面的一条白线。

巡线传感器可以用来帮助你的机器人在一条标记好的路线上行驶，它还可以用在其他应用程序上，例如，它可以用来区分两个对比鲜明的表面的分界线。一种典型的应用是使用3个巡线传感器，中间的巡线传感器探测的就是机器人行走的路线。

当红外线全部被反射回传感器时，换句话说就是反射表面是白色或有很高的反射率时，传感器的返回值就很低；当红外线全部被吸收，没有反射光返回的时候，传感器的返回值就很高。

由于巡线器能够区分黑白界面，因此你可以用它来使你的机器人在不同的光线下做不同的事情。它最擅长的就是追踪标记线或区分黑白界面之间的分界线。要做到这一点你就必须先找到你想要区分的黑白界面之间的分界线。巡线传感器的最佳探测范围是0.02 ~ 1英寸。能探测到线条的最小宽度为0.25英寸。

注意： 由于巡线传感器是用一个红外线LED灯照亮周围的环境并用一个红外线传感器来探测反射光，因此它能在光线较差的环境下甚至是黑暗中有效工作。然而，能够吸收红外线也就意味着它在一个充满红外线的环境中是很容易饱和的——换句话说就是任何表面都可以看起来像白色，就像一张感光过度的照片一样。你会发现在用钨丝灯泡照明时的环境就是这样的。

为避免红外线饱和，以及有效测试距离的限制，我们一般将它装在机器人的下面。为保证控制机器人运动方向，应至少同时安装3个巡线传感器，具体安装方法如图7–6所示。

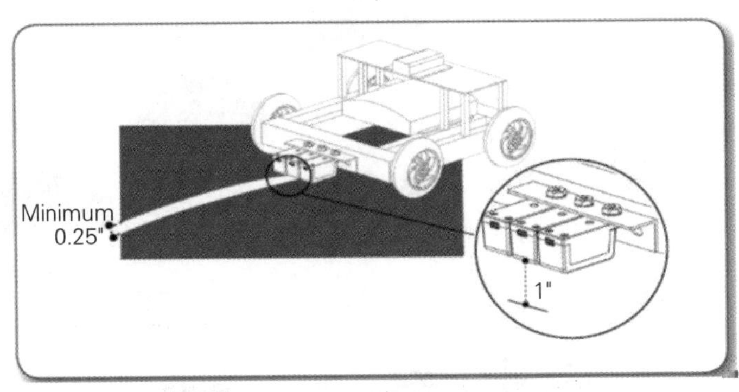

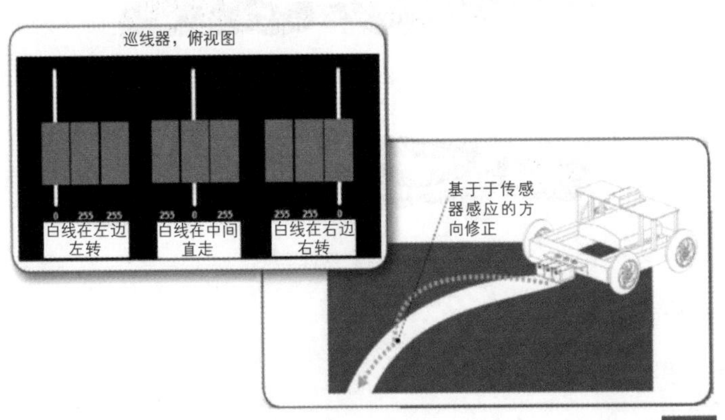

图7–6　巡线传感器

【例7-4】每隔一秒读取一次巡线传感器的值，并将传感器的值输出到LCD中。

配置:

```
// [Name]                    [Type]          [Port(s)]
// LineTrackerA              line             A
```

//robot-config.cpp中自动生成的相关代码:

```
line LineTrackerA = line(Brain.ThreeWirePort.A);
```

程序:

```
int main() {
  // Initializing Robot Configuration. DO NOT REMOVE!
  vexcodeInit();
  int myLine = 0;
  while(1){
    myLine = LineTrackerA.value(analogUnits::range10bit);
    Brain.Screen.printAt(20,20,"myLine: %4d", myLine);
    wait(1, sec);
  }
}
```

【例7-5】检测巡线传感器的值，如果是蓝色正转，如果是黑色反转，如果是白色停止。

配置:

```
// [Name]                    [Type]          [Port(s)]
// LineTrackerA              line             A
// Motor14                   motor            14
```

//robot-config.cpp中自动生成的相关代码:

```
line LineTrackerA = line(Brain.ThreeWirePort.A);
motor Motor14 = motor(PORT14, ratio18_1, false);
```

程序:

```
int main() {
  vexcodeInit();

  int myLine = 0;
  while(1){
    myLine = LineTrackerA.value(analogUnits::range12bit);

    if(myLine>2000) Motor14.spin(reverse);         //黑色范围内
    else if(myLine>180) Motor14.spin(fwd);         //蓝色范围内
    else Motor14.stop();                           //白色范围内

    Brain.Screen.printAt(20,20,"myLine: %4d", myLine);
    wait(100, msec);
  }
}
```

注意: 检测的数值会在一个范围内，这个范围受到环境光线强度和传感器离地高度等因素影响。所以在后续任务中，我们要考虑检测颜色的有效阈值。

对于等待函数wait(100, msec)，在使用时，这个时间段所有的输出设备都是维持上次的操作，同时，不做任何传感器检测。在实际比赛的程序中很少使用它，因为会降低程序精度。

【例7-6】检测巡线传感器的值，取50次的平均值，作为一个有效数据。

配置：

```
// [Name]                 [Type]        [Port(s)]
// LineTrackerA           line           A
```

//robot-config.cpp中自动生成的相关代码：

```
line LineTrackerA = line(Brain.ThreeWirePort.A);
```

程序：

```
int main() {
  // Initializing Robot Configuration. DO NOT REMOVE!
  vexcodeInit();

  int myLine = 0;
  while(1){
    for(int i=0; i<50; i++){
      myLine = myLine + LineTrackerA.value(analogUnits::range12bit);
      wait(2, msec);
    }
    myLine = myLine / 50.0;

    Brain.Screen.printAt(20,20,"average value: %4d", myLine);
    wait(20, msec);
  }
}
```

（3）光敏传感器

光敏传感器（Light Sensor）是利用光敏元件将光信号转换为电信号的传感器，它的敏感波长在可见光附近，包括红外线、紫外线波长。光敏元件包括光敏电阻和光敏三极管等电子元件。光敏传感器是模拟传感器，它是用来检测周围环境光线亮暗的传感器。把光线由亮到暗的范围定义为0至1024，值越小表示光线越亮，值越大表示光线越暗。光敏传感器如图7-7所示，相关特性如表7-3所示。

图7-7　光敏传感器

表7-3　光敏传感器产品说明及特性表

产品说明	光敏传感器1个，配套螺丝螺母各2个
特性	检测外界光线

注意： 光敏传感器和巡线传感器的差别。

巡线传感器用来追踪标记线和区分黑白界面。它在区分不同颜色方面比光敏传感器好。它首先通过LED灯向周围发射红外线，然后检测反射回来的红外线的量。

光敏传感器是一个从动传感器，它主要用来感应周围环境中的光强，如一个房间里的光线强度。

工作原理：光敏传感器用一块镉硫晒光电池或中央动态传感器来提供电源。一个中央动态贮存器电池就是一个光敏电阻，其阻值是根据入射光的量来改变的。

【例7-7】指示机器人等待，使用光敏传感器检测它周围的灯光，向前移动。

说明：设定一个光线条件，当光敏传感器检测到周围环境的亮度并且大于这个光线条件就让机器人运动。

配置：

```
// [Name]                 [Type]        [Port(s)]
// Motor_Left             motor         1
// Motor_Right            motor         4
// LightA                 light         A
```

//robot-config.cpp中自动生成的相关代码：

```
motor Motor_Left = motor(PORT1, ratio18_1, false);
motor Motor_Right = motor(PORT4, ratio18_1, true);
light LightA = light(Brain.ThreeWirePort.A);
```

程序：

```
int main() {
  vexcodeInit();
  while(1){
    int myLight = LightA.value(analogUnits::range12bit);
    if(myLight >200) {
      Motor_Left.spin(fwd, 20, pct);
      Motor_Right.spin(fwd, 20, pct);
    }
    else{
      Motor_Left.stop();
      Motor_Right.stop();
    }
    Brain.Screen.printAt(20,20,"Brightness: %4d", myLight);
    wait(200, msec);
  }
}
```

注意： 照明条件因地而异，因此值“200”可能需要更改。

【例7-8】利用光敏传感器检测光线使机器人在两条黑线之间行走4次。

提示：本案例利用光敏传感器检测地面光线，如果光敏传感器的值小于45时，我们就认为机器人已经检测到黑线了，此时机器人开始反向运动。需要注意的是，当黑线宽度较大时，机器人会误认为已经到了第二条黑线，为了解决这个问题，采取光敏传感器检测到黑线时强制反向以保证这时光敏传感器移出了黑线的区域。

配置：

```
// [Name]              [Type]        [Port(s)]
// Motor_LB            motor         4
// Motor_RB            motor         1
// Motor_LF            motor         10
// Motor_RF            motor         14
// LightA              light         A
```

//robot-config.cpp中自动生成的相关代码：

```
motor Motor_LB = motor(PORT4, ratio18_1, false);
motor Motor_RB = motor(PORT1, ratio18_1, true);
motor Motor_LF = motor(PORT10, ratio18_1, false);
motor Motor_RF = motor(PORT14, ratio18_1, true);
light LightA = light(Brain.ThreeWirePort.A);
```

程序：

```
void robotRun(int speed)
{
  Motor_LB.spin(fwd, speed, pct);
  Motor_RB.spin(fwd, speed, pct);
  Motor_LF.spin(fwd, speed, pct);
  Motor_RF.spin(fwd, speed, pct);
}
void robotStop()
{
  Motor_LB.stop(); Motor_RB.stop();
  Motor_LF.stop(); Motor_RF.stop();
}

int main() {
  vexcodeInit();
  wait(500, msec);                            //等待光敏传感器准备就绪
  bool isBackForward = false;
  int count = 0;
    while(1){
    int myLight = LightA.value(analogUnits::range12bit);
    Brain.Screen.printAt(20,20,"Brightness: %4d", myLight);

    if(myLight>45) {
      if(isBackForward) robotRun(-20);
      else robotRun(20);
    }
    else{                                     //如果检测到黑线
        robotStop();                          //小车停止运动
```

```
        isBackForward = !isBackForward;
        count++;
        if(count>=8) { break;}           //8次压线，即4个来回后退出程序
        wait(1, sec);
        if(isBackForward) robotRun(-20); //退出压线状态
        else robotRun(20);
        wait(1, sec);
      }
      wait(50, msec);
    }
  }
```

（4）陀螺仪传感器

陀螺仪，又称角加速度传感器，可用于检测角速度，如图7-8所示。标记为B的针脚接控制器的GND，当接通并打开主控器后，会有绿色的指示灯常亮。角速度就是在单位时间内旋转角度的变化，单位为deg/s（度/秒）。其量程范围为±1000deg/s。在默认情况下，正值表示顺时针旋转；负值表示逆时针旋转。通过陀螺仪传感器旋转角度来增强机器人的运动和反馈，这在机器人自动程序中使用较为频繁。该陀螺仪模块采用专用芯片LY3100ALH，其特征如下所示。

图7-8　陀螺仪传感器

轴数：　单轴

量程（°/s）：　1000

灵敏度：　1.1mV/（°/s）

典型带宽（Hz）：　140

输出方式：　Analog

零点输出电压（V）：　1.5

噪声密度（°/s/rtHz）：　0.016

供电电压（V）：　2.7~3.6

功耗（mA）：　4.2

封装：　LGA 10 3x5x1.1

【例7-9】利用陀螺仪使机器人右转90度。

说明：右转是顺时针旋转，因此陀螺仪的值为负值。此机器人的底盘有4个电机，陀螺仪装在A号模拟端口，电机和陀螺仪端口设置如下。

配置：

```
// [Name]                [Type]        [Port(s)]
// Motor_LB              motor         4
// Motor_RB              motor         1
// Motor_LF              motor         10
// Motor_RF              motor         14
// GyroA                 gyro          A
```

//robot-config.cpp中自动生成的相关代码：

```
motor Motor_LB = motor(PORT4, ratio18_1, false);
motor Motor_RB = motor(PORT1, ratio18_1, true);
motor Motor_LF = motor(PORT10, ratio18_1, false);
motor Motor_RF = motor(PORT14, ratio18_1, true);
gyro GyroA = gyro(Brain.ThreeWirePort.A)
```

程序：

```
void run(int speed){
  if(speed==0)
  {
    Motor_LB.stop();
    Motor_RB.stop();
    Motor_LF.stop();
    Motor_RF.stop();
  }else {
  Motor_LB.spin(fwd, speed, pct);
  Motor_RB.spin(fwd, -speed, pct);
  Motor_LF.spin(fwd, speed, pct);
  Motor_RF.spin(fwd, -speed, pct);
 }
}
int main() {
  vexcodeInit();

  // 陀螺仪校准，直到校准完成
  GyroA.calibrate();
  waitUntil(!GyroA.isCalibrating());

  // 陀螺仪复位置零
  GyroA.setHeading(0, degrees);

  //小车顺时针运动
  run(20);
```

```
    while(1){
      double myGyro = GyroA.angle(deg);
      if(myGyro>90){                     //如果角度大于90°，小车停止运动
        Motor_LB.stop(); Motor_RB.stop();
        Motor_LF.stop(); Motor_RF.stop();
      }
      Brain.Screen.printAt(20,20,"Turn angle: %4.1f", myGyro);
      wait(20, msec);
    }
  }
```

结果显示，当陀螺仪向右转动接近90（陀螺仪向右转动90度）时，机器人停了下来。由于陀螺仪值在不停地跳变以及地面的摩擦力等因素，很难保持向右转动90度，在实际测量中是有偏差的。但是在如“七塔奇谋”自动程序中，机器人的动作是有连贯性的，如果机器人转动角度偏差太大，就会影响下一个动作的位置，最终可能会影响比赛成绩，因此我们对以上程序做了改进：增加约束条件使转动角度无限接近90度。

```
int main() {
  vexcodeInit();
  // 陀螺仪校准，直到校准完成
  GyroA.calibrate();
  waitUntil(!GyroA.isCalibrating());
  // 陀螺仪复位置零
  GyroA.setHeading(0, degrees);
    //小车顺时针运动速度较快，功率为90%
  run(90);
  while(1){
    double myGyro = GyroA.angle(deg);
    if(myGyro>70&&myGyro<90){            //接近目标值，速度降低为20，继续转
      run(20);
    }
    else if(myGyro<110&&myGyro>90){      //因为惯性，超过目标值，反向转
      run(-20);
    }
    else run(0);                         //转到目标
    Brain.Screen.printAt(20,20,"Turn angle: %4.1f", myGyro);
    wait(20, msec);
  }
}
```

结果显示，当陀螺仪的值远远大于规定值时就加速右转；当陀螺仪的值接近规定值就减速。但最后发现陀螺仪有抖动的现象。排查后发现，由于陀螺仪的值是一直跳变的，因此很难达到90度，所以我们对以上程序再次做了改进：继续增加约束条件，使陀螺仪在87度～93度范围内停下来，这个范围对转动的角度影响不大，我们可以认为陀螺仪转动了90度。程序如下：

```
while(1){
    double myGyro = GyroA.angle(deg);
```

```
    if(myGyro>70&&myGyro<87){              //接近目标值，速度降低为20，继续转
      run(20);
    }
    else if(myGyro<110&&myGyro>93){        //因为惯性，超过目标值，反向转
      run(-20);
    }
    else run(0);                           //转到目标
    Brain.Screen.printAt(20,20,"Turn angle: %4.1f", myGyro);
    wait(20, msec);
  }
```

为了调试方便，我们可以在程序顶部定义整数类型变量 error=3 ，临界值就可以是90-error，90+error。在实际调试过程中，就可以只改变error的值来快速调试。

（5）惯性传感器

惯性传感器（如图7-9所示）是3轴（X，Y和Z）加速度计和3轴陀螺仪的组合。加速度计可测量机器人的线性加速度(包括重力)，而陀螺仪用于测量3个旋转轴方向的旋转角加速度。这两种测量装置组合在一个传感器上可以实现机器人进行有效、准确的导航，并控制任何运动变化。检测运动的变化可以帮助机器人降低在行驶或爬越障碍物时摔倒的概率。

图7-9　惯性传感器

该传感器的外壳有一个安装孔，可轻松将其安装到机器人上。此外，在安装孔的前面有一个小凹痕，用于标记传感器的参考点。在外壳的底部，有一个圆形凸台，其大小可插入VEX标准结构件的方孔中，便于将传感器固定在机器人上。传感器外壳侧面有一个V5智能端口，用于和主控器上的智能端口连接（见图7-10）。

图7-10　惯性传感器端口

工作原理：该传感器的加速度计部分和陀螺仪部分都会向V5主控制器不断反馈实时测量信号。

加速度计：加速度计测量速率沿X轴、Y轴和Z轴方向的变化快慢（加速度）。3轴的方向已经固定在惯性传感器上，其代表的运动意义由传感器安装方位决定。例如，我们可以将机器人的X轴指向正前方，Y轴与水平方向重合，Z轴与水平面垂直，则X、Y、Z轴分别表示机器人的前后运动、左右运动、上下运动。

当传感器检测到惯性变化时，加速度计会测量运动的变化，并输出这些变化。运动变化越快，输出值就越大。需要注意的是，输出值可能是较大的正值或较大的负值。加速度以g为单位（重力加速度的单位）。惯性传感器加速度计部分的最大测量值是4g，但这足以满足测量和控制大多数机器人运动。

陀螺仪：陀螺仪部分测量绕X、Y、Z轴的旋转运动。陀螺仪以某一固定时刻运动值为参考点，通常为机器人相对静止时。当传感器测量到相对参考点的3轴方向的旋转变化时会输出相应的变化值。

陀螺仪需要很短的时间来建立其参考点（校准）。这通常称为初始化或启动时间。注意：建议使用2秒作为校准时间，或在比赛程序模板pre-auton部分中完成校准。

电子陀螺仪具有最大测量旋转速度限制。也就是说，如果传感器正在测量的对象旋转速度大于陀螺仪能够测量的速度，则传感器将返回错误的读数。V5惯性传感器的最大测量转速高达1000度/秒。同样，除极端情况外，这足以满足测量和控制大多数机器人运动（见图7-11）。

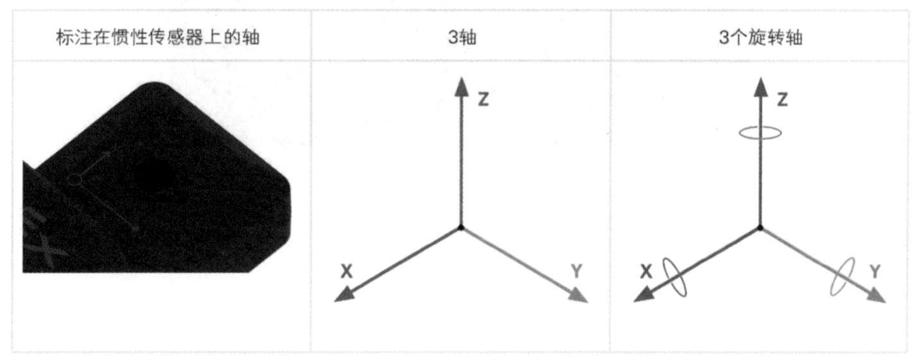

图7-11 陀螺仪转动示意图

安装配置：惯性传感器一般安装在小车底盘上，水平安装在X轴正前方向，要固定牢靠。电气连接和电机类似，通过四芯缆线连接惯性传感器和主控器智能端口即可。

惯性传感器值的读取除了通过VEXcode编程的方式，还可以直接通过操作主控器读取，非常便利，是安装完成后调试的推荐方法。调试的步骤如图7-12至图7-14所示：第一步，启动电源，取下V5主控器屏幕上的磁吸附保护盖，点击主控首界面上的“Device”；第二步，点击设备信息界面的图标；第三步，接着点击惯性传感器界面的“Calibrate”区域，开始校准初始化传感器；第四步，完成初始化后移动摇摆机器人，可以查看相应运动对应的变化，包括左侧的数据窗口和右侧的模拟可视化窗口，见图7-12至图7-14。

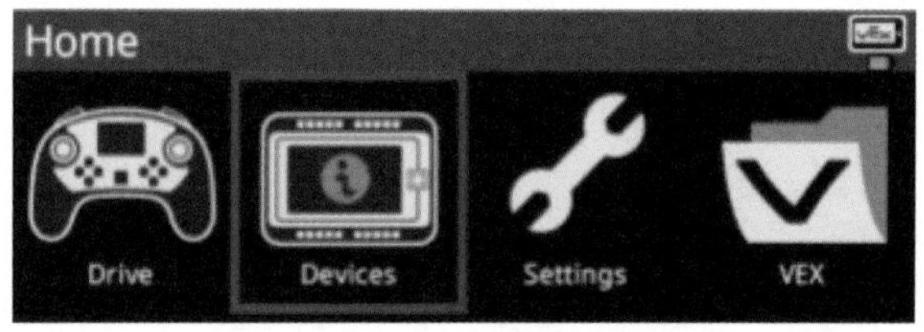

图7-12 调试步骤1

图7-13　调试步骤2

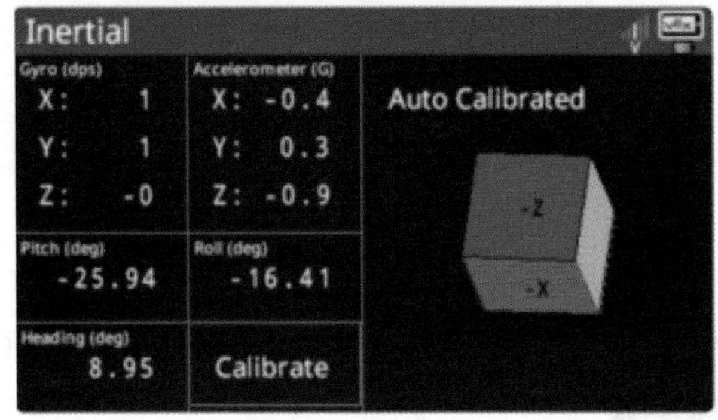

图7-14　调试步骤3

【例7-10】利用惯性传感器控制读取机器人的X、Y、Z轴的角速度、线加速度，以及偏航角、俯仰角、翻滚角，并打印到屏幕上。

配置：

```
// [Name]                    [Type]        [Port(s)]
// Inertial20                inertial      20
```

//robot-config.cpp 中自动生成的相关代码：

```
inertial Inertial20 = inertial(PORT20);
```

程序：

```
int main() {
  vexcodeInit();

  // 惯性传感器校准，直到校准完成
  Inertial20.calibrate();
  waitUntil(!Inertial20.isCalibrating());

  Inertial20.resetRotation();                            // 惯性传感器复位

  while(1){
    Brain.Screen.clearScreen();

    double myAccelX = Inertial20.acceleration(xaxis);    //X 轴前后加速度
```

```
    double myAccelY = Inertial20.acceleration(yaxis);    //Y轴左右加速度
    double myAccelZ = Inertial20.acceleration(zaxis);    //Z轴上下加速度

    double myGyroX = Inertial20.gyroRate(xaxis, dps);    //翻滚角速度
    double myGyroY = Inertial20.gyroRate(yaxis, dps);    //俯仰角速度
    double myGyroZ = Inertial20.gyroRate(zaxis, dps);    //偏航角速度

    double myRoll = Inertial20.roll(deg);                //翻滚角
    double myPitch = Inertial20.pitch(deg);              //俯仰角
    double myYaw = Inertial20.yaw(deg);                  //偏航角

    //屏幕上显示X、Y、Z轴加速度
    Brain.Screen.printAt(5,20,"Accelerometer(G)");
    Brain.Screen.printAt(5,40,"X:%1.3f", myAccelX);
    Brain.Screen.printAt(165,40,"Y:%1.3f", myAccelY);
    Brain.Screen.printAt(325,40,"Z:%1.3f", myAccelZ);
    //屏幕上显示X、Y、Z轴角速度
    Brain.Screen.printAt(5,80,"Gyro(dps)");
    Brain.Screen.printAt(5,100,"X:%1.3f", myGyroX);
    Brain.Screen.printAt(165,100,"Y:%1.3f", myGyroY);
    Brain.Screen.printAt(325,100,"Z:%1.3f", myGyroZ);
    //屏幕上显示X、Y、Z轴角度值
    Brain.Screen.printAt(5,140,"Angle(deg)");
    Brain.Screen.printAt(5,160,"R:%4.1f", myRoll);
    Brain.Screen.printAt(165,160,"P:%4.1f", myPitch);
    Brain.Screen.printAt(325,160,"Y:%4.1f", myYaw);
    wait(20, msec);
  }
}
```

【例7-11】分别使用惯性传感器的angle、heading、yaw、rotation函数读取机器人的偏航角，显示到屏幕上，左右旋转机器人一圈以上并比较它们的区别。

配置：

```
// [Name]              [Type]        [Port(s)]
// Inertial20          inertial      20
```

//robot-config.cpp中自动生成的相关代码：

```
inertial Inertial20 = inertial(PORT20);
```

程序：

```
int main() {
  vexcodeInit();

  // 惯性传感器校准，直到校准完成
  Inertial20.calibrate();
  waitUntil(!Inertial20.isCalibrating());
```

```
  Inertial20.resetRotation(); //惯性传感器复位

  while(1){
    Brain.Screen.clearScreen();

    double myAngle = Inertial20.angle(deg);
    double myHeading = Inertial20.heading(deg);
    double myYaw = Inertial20.yaw(deg);
    double myRotation = Inertial20.rotation(deg);

    Brain.Screen.printAt(10,20, "Angle   :%4.1f", myAngle);
    Brain.Screen.printAt(10,40, "Heading :%4.1f", myHeading);
    Brain.Screen.printAt(10,80, "Yaw     :%4.1f", myYaw);
    Brain.Screen.printAt(10,120,"Rotation:%4.1f", myRotation);

    wait(20, msec);
  }
}
```

注意：我们通过实验可以发现这4个函数都是测量偏航角的函数，但它们的取值范围不同。angle和heading函数数值始终相同，值变化范围为0~360，顺时针转动值变大，逆时针转动值变小；yaw函数值范围是±180，从初始位置顺时针转半周为0至180，逆时针转半周为0至−180；rotation函数值范围没有限制，顺时针旋转一直增大，逆时针为负值，一直减小，所以可以使用该函数测量机器人旋转圈数。

【例7-12】利用惯性传感器控制机器人右转90度。

说明：此机器人的底盘有4个电机，惯性传感器*X*、*Y*、*Z*轴正方向对应前、右、上。

配置：

```
// [Name]              [Type]        [Port(s)]
// Motor_LB            motor         4
// Motor_RB            motor         1
// Motor_LF            motor         10
// Motor_RF            motor         14
// Inertial20          inertial      20
```

//robot-config.cpp中自动生成的相关代码：

```
motor Motor_LB = motor(PORT4, ratio18_1, false);
motor Motor_RB = motor(PORT1, ratio18_1, true);
motor Motor_LF = motor(PORT10, ratio18_1, false);
motor Motor_RF = motor(PORT14, ratio18_1, true);
inertial Inertial20 = inertial(PORT20);
```

程序：

```
int main() {
  vexcodeInit();
```

```
  Inertial20.calibrate();               //惯性传感器校准，直到校准完成
  waitUntil(!Inertial20.isCalibrating());//惯性传感器复位置零
    Inertial20.setHeading(0, degrees);

  //小车顺时针运动
  Motor_LB.spin(fwd, 20, pct);
  Motor_RB.spin(fwd, -20, pct);
  Motor_LF.spin(fwd, 20, pct);
  Motor_RF.spin(fwd, -20, pct);
  while(1){
    double myAngle = Inertial20.angle(deg);
    if(myAngle>90){                     //如果角度大于90，小车停止运动
      Motor_LB.stop(); Motor_RB.stop();
      Motor_LF.stop(); Motor_RF.stop();
    }
    Brain.Screen.printAt(20,20,"Turn angle: %4.1f", myAngle);
    wait(20, msec);
  }
}
```

【例7-13】通过编程实现装有惯性传感器的机器人爬平台功能，类似2018 ~ 2019年VEX EDR竞赛主题攻城易帜中最后上联队平台的功能。

提示：我们以往通常利用编码器来完成这个任务，在机器人过障碍的时候，有可能轮子悬空，造成空转，导致爬平台失误。引入惯性传感器，利用俯仰角的变化来保证程序稳定。

配置：

```
// [Name]              [Type]        [Port(s)]
// Motor_LB            motor         4
// Motor_RB            motor         1
// Motor_LF            motor         10
// Motor_RF            motor         14
// Inertial20          inertial      20
```

//robot-config.cpp中自动生成的相关代码：

```
motor Motor_LB = motor(PORT4, ratio18_1, false);
motor Motor_RB = motor(PORT1, ratio18_1, true);
motor Motor_LF = motor(PORT10, ratio18_1, false);
motor Motor_RF = motor(PORT14, ratio18_1, true);
inertial Inertial20 = inertial(PORT20);
```

程序：

```
int main() {
  vexcodeInit();

  //惯性传感器校准，直到校准完成
  Inertial20.calibrate();
```

```
    waitUntil(!Inertial20.isCalibrating());

    while(1){
      //小车向前运动
      Motor_LB.spin(fwd, 40, pct);
      Motor_RB.spin(fwd, 40, pct);
      Motor_LF.spin(fwd, 40, pct);
      Motor_RF.spin(fwd, 40, pct);

      waitUntil(fabs(Inertial20.pitch(deg))>5);  //直到机器人俯仰角度大于5°，开始爬坡
      wait(1, sec);                               //爬坡延时
      waitUntil(fabs(Inertial20.pitch(deg))<2);  //直到俯仰角度小于2°，认为机器人已到平台上
      //机器人停止运动
      Motor_LB.stop(); Motor_RB.stop();
      Motor_LF.stop(); Motor_RF.stop();
    }
  }
```

3. 数字传感器

（1）行程开关

行程开关（Limit Switch）又称为限位开关，它是一个物理开关，该物理开关是一个单刀单掷开关。当它没有被按下时，传感器在传感器端口上保持数字高信号。这个高信号来自单片机。当外力（如碰撞）推动开关时，它将数字高信号转换为数字低信号，直到行程开关被释放。行程开关是数字传感器，它有两种状态：开和关。当行程开关断开的时候，定义为1；当行程开关闭合的时候，定义为0。行程开关套装如图7-15所示。

图7-15 行程开关套装

（2）碰撞开关

碰撞开关（Bumper Switch ）也是一个物理开关，该物理开关是一个单刀单掷开关，详细信息见表7-4。当它没有被按下时，传感器在传感器端口上保持数字高信号。这个高信号来自单片机。当外力（如碰撞）推动开关时，它将数字高信号转换为数字低信号，直到开关被释放。碰撞开关是数字信号传感器，它有两种状态：开和关。当碰撞开关断开的时候，定义为1；当碰撞开关闭合的时候，定义为0。碰撞开关套装如图7-16所示。

图7-16 碰撞开关套装

表7-4 碰撞开关套装详细信息

名称	碰撞开关套装
用途	做启动按钮或检测外界碰撞
参数	寿命测试：大于10万次
套装包含	2个碰撞开关
	4个配套螺母
	4个配套螺丝

VEX有两种不同的触碰传感器，分别是碰撞传感器和限位开关，虽然这两种传感器看起来不同，但是它们的操作原理是一样的，这两种传感器都对外来的压力产生反应，报告出“被碰撞”或“没有被碰撞”的信息。

触碰传感器的工作原理如同一个光感开关。当开关被压下的时候，传感器中的电路被压断，就没有电流了，当开关放松的时候，电路是闭合的，就有电流了。

【例7-14】碰撞传感器每碰撞一次在LCD显示屏上计数加1。

配置：

```
// [Name]                [Type]        [Port(s)]
// BumperA               bumper        A
```

//robot-config.cpp中自动生成的相关代码：

```
bumper BumperA = bumper(Brain.ThreeWirePort.A);
```

程序：

```
int main() {
  // Initializing Robot Configuration. DO NOT REMOVE!
  vexcodeInit();
  int i=0;
  bool isPressed = false;
  while(1)
  {
    if(BumperA.value()==1)
    {
      if(isPressed==false) {  //防止被一直按住
        isPressed = true;
        i=i+1;
      }
```

```
    }
    else isPressed = false;
    Brain.Screen.printAt(20, 20, "Press times:%3d", i);
    wait(200, msec);
  }
}
```

注意：计数是机器人判断程序运行进程的重要依据。当然触碰传感器也可以用其他传感器代替。

【例7-15】添加两个触碰传感器，实现对机器人的控制。其中，一个触碰传感器控制左电机，另一个控制右电机。

配置：

```
// [Name]                [Type]        [Port(s)]
// BumperA               bumper        A
// BumperB               bumper        B
// Motor_Right            motor        1
// Motor_Left             motor        4
```

//robot-config.cpp中自动生成的相关代码：

```
bumper BumperA = bumper(Brain.ThreeWirePort.A);
bumper BumperB = bumper(Brain.ThreeWirePort.B);
motor Motor_Right = motor(PORT1, ratio18_1, true);
motor Motor_Left = motor(PORT4, ratio18_1, false);
```

程序：

```
int main() {
  vexcodeInit();
  while(1)
  {
    if(BumperA.pressing())  Motor_Right.spin(fwd);
    else  Motor_Right.stop();
    if(BumperB.pressing())  Motor_Left.spin(fwd);
    else  Motor_Left.stop();
    wait(200, msec);
  }
}
```

【例7-16】计算、读取碰撞传感器从按下到释放的时间。

配置：

```
// [Name]                [Type]        [Port(s)]
// BumperA               bumper        A
```

//robot-config.cpp中自动生成的相关代码：

```
bumper BumperA = bumper(Brain.ThreeWirePort.A);
```

程序：

```
int main() {
```

```
  vexcodeInit();
  while(1){
    int pressingTime = 0;
    while(BumperA.pressing()){
      Brain.resetTimer();                    //复位计数器
      while(BumperA.pressing()) {;}         //等待触碰按键释放
      pressingTime = Brain.timer(msec);     //记录定时器时间
      Brain.Screen.printAt(20, 20, "Pressing time:%3dms", pressingTime);
    }
  }
}
```

【例7-17】进行一场“碰撞传感器比赛”。两个同学手里各有一个碰撞传感器，比赛规则是在3秒内同时按下传感器，主控器内部记录按的次数，3秒后在主控器上显示哪方获胜。

提示：需要两个碰撞传感器、一个主控器、电源、数据线。

通过运用if条件语句对碰撞传感器的次数进行记录，使用time函数来规定比赛所用的时间。

配置：

```
// [Name]              [Type]        [Port(s)]
// BumperA             bumper        A
// BumperB             bumper        B
```

//robot-config.cpp中自动生成的相关代码：

```
bumper BumperA = bumper(Brain.ThreeWirePort.A);
bumper BumperB = bumper(Brain.ThreeWirePort.B);
```

程序：

```
int main() {
  vexcodeInit();
  while(1)
  {
    bool isAPress = false, isBPress = false;
    int APressTimes = 0, BPressTimes = 0;
    Brain.Screen.clearScreen();
    Brain.Screen.printAt(200, 120, "READY!");
    wait(1, sec); Brain.Screen.clearScreen();
    for(int i=3; i>0; i--){
      Brain.Screen.printAt(220, 120, "%1d", i);
      wait(1, sec); Brain.Screen.clearScreen();
    }

    Brain.resetTimer();
    while(Brain.timer(sec)<3.0){
      if(BumperA.pressing()) {
        if(isAPress==false)
          {isAPress = true;APressTimes++;}
      }
```

```
      else isAPress = false;

      if(BumperB.pressing()) {
        if(isBPress==false)
          {isBPress = true;BPressTimes++;}
      }
      else isBPress = false;

      Brain.Screen.printAt(140, 80, "A :%2d", APressTimes);
      Brain.Screen.printAt(300, 80, "B :%2d", BPressTimes);
    }
    if(APressTimes>BPressTimes)
      Brain.Screen.printAt(200, 120, "A Win!");
    else if(APressTimes<BPressTimes)
      Brain.Screen.printAt(200, 120, "B Win!");
    else Brain.Screen.printAt(200, 120, "Tie!");
    wait(3, sec); //等待3秒重新开局
  }
}
```

程序运行结果如图7-17所示。

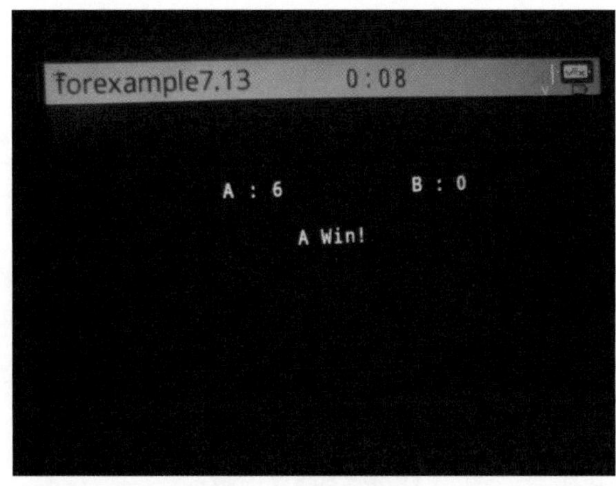

图7-17　程序运行结果

【例7-18】运用传感器来设置密码。当密码正确时才可以使电机转动。

提示：使用if条件语句来设置密码：左碰撞传感器按两下，右碰撞传感器按三下，两个条件同时成立则电机启动。

配置：

```
// [Name]            [Type]        [Port(s)]
// BumperA           bumper        A
// BumperB           bumper        B
// Motor14           motor         14
```

//robot-config.cpp中自动生成的相关代码：

```
bumper BumperA = bumper(Brain.ThreeWirePort.A);
bumper BumperB = bumper(Brain.ThreeWirePort.B);
motor Motor14 = motor(PORT14, ratio18_1, true);
```

程序:

```
int main() {
  vexcodeInit();
  while(1)
  {
    bool isAPress = false, isBPress = false;
    int APressTimes = 0, BPressTimes = 0;
    Brain.Screen.clearScreen();
    Brain.Screen.printAt(90, 120, "Press the right bumper in 5s!");
    wait(1, sec);

    Brain.resetTimer();
    while(Brain.timer(sec)<5.0){
      if(BumperA.pressing()) {
        if(isAPress==false)
          {isAPress = true;APressTimes++;}
      }
      else isAPress = false;

      if(BumperB.pressing()) {
        if(isBPress==false)
          {isBPress = true;BPressTimes++;}
      }
      else isBPress = false;

      Brain.Screen.printAt(120, 80, "Left :%2d", APressTimes);
      Brain.Screen.printAt(280, 80, "Right :%2d", BPressTimes);
    }
    Brain.Screen.clearScreen();
    if(APressTimes==2 && BPressTimes==3) {
      Brain.Screen.printAt(160, 120, "OK! Motor Run");
      Motor14.spin(fwd);
      break;
    }
    else Brain.Screen.printAt(200, 120, "Error!");

    wait(2, sec); //等待2秒重新输入
  }
}
```

【例7-19】运用碰撞传感器使机器人绕过障碍物。

提示:当碰到右碰撞传感器时,机器人后退然后向左转;当碰到左碰撞传感器时,机器人后退然后

向右转。

配置：

```
// [Name]              [Type]        [Port(s)]
// Bumper_Left         bumper        A
// Bumper_Right        bumper        B
// Motor_Right         motor         14
// Motor_Left          motor         10
```

//robot-config.cpp中自动生成的相关代码：

```
bumper Bumper_Left = bumper(Brain.ThreeWirePort.A);
bumper Bumper_Right = bumper(Brain.ThreeWirePort.B);
motor Motor_Right = motor(PORT14, ratio18_1, true);
motor Motor_Left = motor(PORT10, ratio18_1, false);
```

程序：

```
int main() {
  vexcodeInit();
  while(1)
  {
    Motor_Left.spin(fwd, 20, pct);
    Motor_Right.spin(fwd, 20, pct);

      if(Bumper_Left.pressing()) {
        Motor_Left.spin(reverse, 20, pct);  //后退
        Motor_Right.spin(reverse, 20, pct);
        wait(1, sec);

        Motor_Left.spin(reverse, 20, pct);  //左转弯
        Motor_Right.spin(fwd, 20, pct);
        wait(1, sec);
      }
      else if(Bumper_Right.pressing()) {
        Motor_Left.spin(reverse, 20, pct);  //后退
        Motor_Right.spin(reverse, 20, pct);
        wait(1, sec);

        Motor_Left.spin(fwd, 20, pct);      //右转弯
        Motor_Right.spin(reverse, 20, pct);
        wait(1, sec);
      }
    wait(1, sec);
  }
}
```

（3）双向编码器

工作原理：双向编码器（Optical Shaft Encoder）常用于动力系统中，包括计算前进路程和精确转弯。编码器包括一个LED灯和光敏传感器，在LED灯和光敏传感器中间有一个带孔的圆盘，当圆盘转动

时，LED灯发出的光以特定的规律透过圆盘，如图7-18所示。通过光的透射情况我们就可以测出圆盘转得有多快。如果将圆盘接在机器人的轮子上，根据轮子的周长和其转动的圈数就可以知道轮子行走的距离了。

图7-18 双向编码器

编码器通过红外线传感器来探测红外LED灯发射的光透过圆盘上狭缝产生的脉冲。圆盘一圈有90个狭缝，轴转过的圈数等于红外线传感器探测到的狭缝数除以90。如果在你的机器人的一个轮子的驱动轴上安装一个光敏编码器，你就可以测出轮胎转动的圈数。根据轮胎转动的圈数你就可以算出机器人行走的路程（2π×R（轮子的半径）×轴转过的圈数）。根据这个公式就可以计算出机器人前进的距离。编码器内部结构图如图7-19所示。

注意：光敏编码器里面的红外线传感器每秒可测到的脉冲高达1700次，对应的轴1秒最多可以转18.9圈或1133rpm（注：rpm是通常用来描述电动机转速的单位，它是revolutions per minute的缩写，即每分钟转动的圈数）。当轴的转速超过该探测极限时，编码器探测的数据将出错。

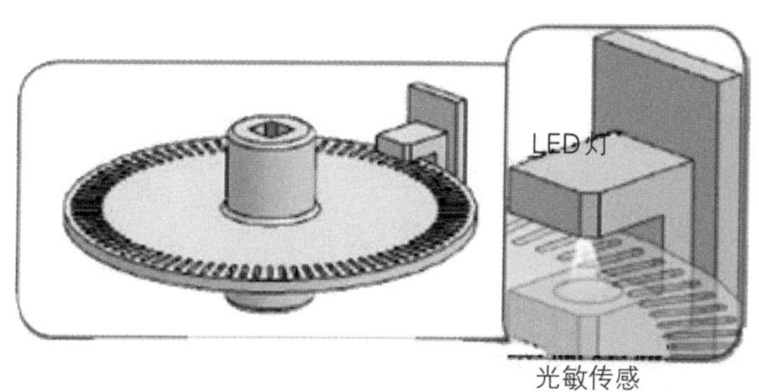

图7-19 编码器内部结构图

双向编码器是数字传感器，给主控器发送的信号是高电平（1）或低电平（0）。当光透过狭缝照射到红外线传感器时，这时将输出低电平（0）；当光不能透过狭缝照射到红外线传感器时，这时将输出高电平（1）。

【例7-20】手动旋转编码器，读取当前角度和速度的数值，并打印到屏幕上

配置：

```
// [Name]                [Type]         [Port(s)]
// EncoderA              encoder        A, B
```

//robot-config.cpp中自动生成的相关代码：

```
encoder EncoderA = encoder(Brain.ThreeWirePort.A);
```

程序：

```
int main() {
  vexcodeInit();
  while(1){
    Brain.Screen.clearScreen();
    Brain.Screen.printAt(20, 20, "Raw   :%3d", EncoderA.value());
    Brain.Screen.printAt(20, 40, "Angle:%3.1f", EncoderA.rotation(deg));
    Brain.Screen.printAt(20, 60, "Velocity:%3.1f", EncoderA.velocity(rpm));
    wait(200, msec);
  }
}
```

【例7-21】利用编码器来控制电机转动。

提示：使用if条件语句对编码器值进行限制来控制电机转动。当值小于100°时，电机以10%速度顺时针旋转；当值为100°～500°时，电机速度匀加速到满速的50%；当值为500°～1000°电机以满速的50%旋转；当值超过1000°时，电机停转。

配置：

```
// [Name]              [Type]        [Port(s)]
// EncoderA            encoder       A, B
// Motor14             motor         14
```

//robot-config.cpp中自动生成的相关代码：

```
encoder EncoderA = encoder(Brain.ThreeWirePort.A);
motor Motor14 = motor(PORT14, ratio18_1, true);
```

程序：

```
int main() {
  vexcodeInit();
  int myAngle = 0;
  EncoderA.resetRotation();
  while(1){
    myAngle = EncoderA.rotation(deg);
    if(myAngle<100) Motor14.spin(fwd, 10, pct);
    else if(myAngle<500) Motor14.spin(fwd, myAngle/10, pct);
    else if(myAngle<1000) Motor14.spin(fwd, 50, pct);
    else Motor14.stop();
    Brain.Screen.clearScreen();
    Brain.Screen.printAt(20, 40, "Angle:%3d", myAngle);
    Brain.Screen.printAt(20, 60, "Velocity:%3.1frpm", EncoderA.velocity(rpm));
    Brain.Screen.printAt(20, 80, "MotorV   :%3.1frpm", Motor14.velocity(rpm));
    wait(20, msec);
  }
}
```

（4）超声波传感器

“超声波”是指频率很高的声波，是高于人类可听到的频率的声波。相关特性见表7-5声呐的原理就是利用超声波来导航和探测障碍物。超声波测距仪能检测3cm到3m距离范围内的障碍物的距离；距离小于3cm是超声波的盲区，在3cm以内就检测不到任何物体。超声波传感器如图7-20所示。

图7-20 超声波传感器

表7-5 超声波传感器产品说明及特性表

产品说明	超声波传感器1个，螺丝、螺母各两个
特性	用超声波原理检测检测与外界物体距离

工作原理：超声波传感器（Ultrasonic Range Finder）通过发射高频率声波并检测探测器收到回声的时间来确定一个能反射声波的障碍物的距离，如图7-21所示。

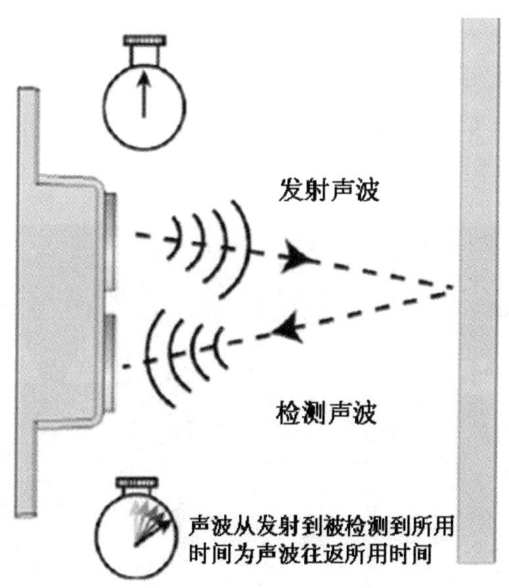

图7-21 超声波传感器工作原理

超声波传感器包含两个部分：一个发射器，产生 40kHz的声波（空气中超声波的衰减对频率很敏感，频率越高，衰减越快。因此要求合理选择超声波频率，一般在40kHz左右。太高频率的超声波在空气中是无法传播的。）；一个探测器，探测频率为40kHz的声波，并将其转化为电信号发回微处理器。为了能确定到障碍物的距离，你需要在你的代码里加入一个计时器，来检测发射器发射的声波回到接收器所需要的时间。这一距离可由下面的公式计算得到：

到障碍物的距离 = 1/2（声波的速度）×（往返时间）

注意： 声波的速度受海拔和温度的影响。在海平面和室温下，它大约是 344.2m/s。它会随温度的升高而升高，随海拔的降低而降低。

根据理论知识可知，声速在空气中传播的速度为340m/s，可以计算出1毫米需要多少时间，为1/340000s。

接口：超声波传感器有2个三线针接头，每个是连在主控器的数字接口上。这两个接头必须紧挨着。

确保标有Output标签的线连接到主控器的中断端口。

确保标有Input标签的线连接到主控器的数字输出端口（默认的为11~16）。超声波传感器的工作原理如图7-21所示。机器人的程序计算对象的距离的步骤如下：

a. Vex主控器发出一个开始信号给超声波传感器。

b. 超声波传感器产生一个10微秒脉冲的超声波。

c. 超声波传感器将输出信号放在+5V的位置，这样就会向主控器发射一个高电平的信号，这个在数字信号中就是“1”。

d. 主控器的计时器开始计时，这就是方程式中的往返时间。

e. 超声波传感器接收反射回来10微秒脉冲。

f. 超声波传感器将输出信号放在0V位置，这样就会向主控器发射一个低电平信号，这在数字信号中就是“0”。

g. 主控器关闭计时器，并用“往返时间”来计算目标的距离。

硬件连接：超声波传感器有输出（OUTPUT）和输入（INPUT）两个端口，连接到主控器上需要占用两个三线端口。超声波的配置在VEXcode V5 Text上进行规定和限制，如图7-22所示。OUTPUT和INPUT插针只能配对插入AB、CD、EF或GH四组端口中，而且OUTPUT只能插入第一个端口，即A、C、E和G中，否则超声波传感器无法正常工作。

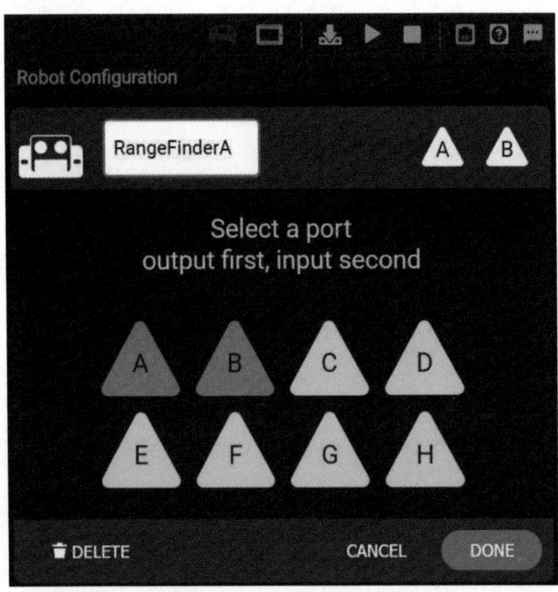

图7-22 超声波传感器配置图

【例7-22】使用超声波传感器测距并通过LCD显示。

配置：

```
// [Name]                    [Type]         [Port(s)]
// RangeFinderA              sonar          A, B
```

//robot-config.cpp中自动生成的相关代码：

```
encoder EncoderA = encoder(Brain.ThreeWirePort.A);
sonar RangeFinderA = sonar(Brain.ThreeWirePort.A);
```

程序：

```
int main() {
  // Initializing Robot Configuration. DO NOT REMOVE!
  vexcodeInit();

  while(1){
    Brain.Screen.clearScreen();
    Brain.Screen.printAt(20, 20, "value:%3d", RangeFinderA.value());
    Brain.Screen.printAt(20, 40, "distance:%4.fmm", RangeFinderA.distance(mm));
//RangeFinderA.setMaximum(800, mm); //设置有效距离，默认为1000mm
    if(RangeFinderA.foundObject())
      Brain.Screen.printAt(20, 60, "Found Object");
    else
      Brain.Screen.printAt(20, 60, "Not Found Object");
    wait(200, msec);
  }
}
```

程序分析：经测试foundObject()函数默认有效距离为1米，即测量值小于1米时，函数返回真值true，认为前方有障碍物。该默认值可以通过setMaximum(double distance, distanceUnits units)函数设置。

【例7-23】用超声波传感器控制电机转速，当遮挡物与传感器的距离大于1米时，电机全速转动，当距离在0.1米至1米时，电机转速从100%匀减速降到10%，当距离小于0.1米时，电机停转。

配置：

```
// [Name]                    [Type]         [Port(s)]
// RangeFinderA              sonar          A, B
// Motor14                   motor          14
```

//robot-config.cpp中自动生成的相关代码：

```
sonar RangeFinderA = sonar(Brain.ThreeWirePort.A);
motor Motor14 = motor(PORT14, ratio18_1, true);
```

程序：

```
int main() {
  vexcodeInit();
   while(1){
    int myRange = RangeFinderA.value();
    if(myRange>1000) Motor14.spin(fwd, 100, pct);
```

```
    else if(myRange>100) Motor14.spin(fwd, myRange/10, pct);
    else  Motor14.stop(brake);

    Brain.Screen.clearScreen();
    Brain.Screen.printAt(20, 20, "range:%4dmm", myRange);
    wait(200, msec);
  }
}
```

【例7-24】小车前面左、右两边各有一个对着正前方的超声波传感器，小车前方靠近一面墙，其他方向没有障碍物，用超声波传感器控制小车运动，使其正对墙面。

提示：利用2个超声波检测数值的差异，来判断小车是否正对墙面。

配置：

```
// [Name]               [Type]        [Port(s)]
// Motor_RF             motor         14
// Motor_LF             motor         10
// Motor_RB             motor         1
// Motor_LB             motor         4
// RangeFinder_Left     sonar         A, B
// RangeFinder_Right    sonar         C, D
```

//robot-config.cpp中自动生成的相关代码：

```
motor Motor_RF = motor(PORT14, ratio18_1, true);
motor Motor_LF = motor(PORT10, ratio18_1, false);
motor Motor_RB = motor(PORT1, ratio18_1, true);
motor Motor_LB = motor(PORT4, ratio18_1, false);
sonar RangeFinder_Left = sonar(Brain.ThreeWirePort.A);
sonar RangeFinder_Right = sonar(Brain.ThreeWirePort.C);
```

程序：

```
void robotTurn(int speedLeft, int speedRight)
{
  Motor_RF.spin(fwd, speedRight, pct);
  Motor_LF.spin(fwd, speedLeft, pct);
  Motor_RB.spin(fwd, speedRight, pct);
  Motor_LB.spin(fwd, speedLeft, pct);
}

void robotStop( )
{
  Motor_RF.stop(brake);
  Motor_LF.stop(brake);
  Motor_RB.stop(brake);
  Motor_LB.stop(brake);
}
```

```
int main() {
  vexcodeInit();
  while(1){
    int disLeft = RangeFinder_Left.distance(mm);
    int disRight = RangeFinder_Right.distance(mm);
    if(abs(disLeft-disRight)<10)  //如果两侧距离差小于1厘米，则停转
      robotStop();
    else if(disLeft>disRight)     //如果左侧距离大于右侧距离，则右转
      robotTurn(15, -15);
    else
      robotTurn(-15, 15);         //否则左转
    Brain.Screen.clearScreen();
    Brain.Screen.printAt(20, 40, "Left:%4dmm  Right:%4dmm", disLeft, disRight);
    wait(100, msec);
  }
}
```

（5）视觉传感器

视觉传感器介绍

视觉传感器为机器人提供了新功能，并允许扩展学习。在最基本的模式下，视觉传感器可检测彩色物体的位置。X值为目标在图像中的左右位置，Y值为目标在图像中的上下位置，如图7-23所示。

视觉传感器将双ARM Cortex M4 + M0处理器、彩色摄像头、Wi-Fi和USB组合到一个智传感器模块中。传感器可以过颜色定位物体，扫描频率为50Hz，每扫描一次，相机就会提供一个匹配可达8种独特颜色的物体识别列表，并计算存储被识别对象的高度、宽度和位置。还可以编程多色对象，允许使用颜色代码为机器人提供新信息。颜色代码可以表示你想要的任何内容，包括位置、对象类型、移动指令、机器人标识符等。

图7-23 样品图像位置，六种颜色

视觉传感器有USB接口，可以快速、便捷地连接到你的计算机，方便用户同时查看图像和机器视觉结果。除此之外，视觉传感器还有Wi-Fi Direct接口，它的作用类似于Web服务器，使用户可以从配备浏览器和Wi-Fi的计算机中查看“实时”视频，详细规格见表7-6。

表7-6 视觉传感器规格表

视觉帧率	每秒50帧
颜色签名	7种独立颜色
颜色代码	每个颜色代码有2个或3个或4个颜色签名
图片尺寸	640×400像素
微控制器	双ARMCortex M4和M0
连接	V5智能端口、IQ智能端口、MIcro USB
无线	具有内置网络服务器的2.4GHz802.11 Wi-Fi Direct热点
兼容性	任何具有Wi-Fi和浏览器的设备

相关函数。

a. Vision.takeSnapshot

格式1：takeSnapshot(signature&sig)

功能：从摄像头传感器中采集签名为&sig的数据样本。

格式2：takeSnapshot(code&cc)

功能：从摄像头传感器中采集编码为&cc的数据样本。

格式3：takeSnapshot(uint32_t id)

功能：从摄像头传感器中采集ID为id的数据样本。

格式4：takeSnapshot(code&cc,unit32_t count)

功能：从摄像头传感器中采集编码为&cc的数据样本，并且只储存特定数量的最大样本。

格式5：takeSnapshot(uint32_t id ,unit32_t count)

功能：从摄像头传感器中采集签名为&sig的数据样本，并且只储存特定数量的最大样本。

格式6：takeSnapshot(signature&sig,unit32_t count)

功能：从摄像头传感器中采集签名为&sig数据样本，并且只储存特定数量的最大样本。

b. Vision.setLedMode

格式：setLedMode (ledMode mode)

功能：改变视觉传感器上LED的模式。

c. Vision.setLedBrightness

格式：setLedMode (uint8_t percent)

功能：改变视觉传感器上LED的亮度。

d. Vision.setLedColor

格式：setLedColor (uint8_t red, uint8_t green, uint8_t blue)

功能：改变视觉传感器上LED的颜色。

e. Vision.objectCount

功能：返回检测到Vision对象的个数。

f. Vision. largestObject

功能：返回检测到的最大Vision对象。

视觉传感器的应用

用USB数据线将视觉传感器连接到计算机，如图7-24所示。

图7-24 视觉传感器

注意： 直接将视觉传感器用USB数据线连接到计算机的USB端口进行标定色彩值，用信号线插到主控器智能端口（1～21均可以）中。

第1步 在VEXcode V5 Text中添加视觉传感器，如图7-25所示。

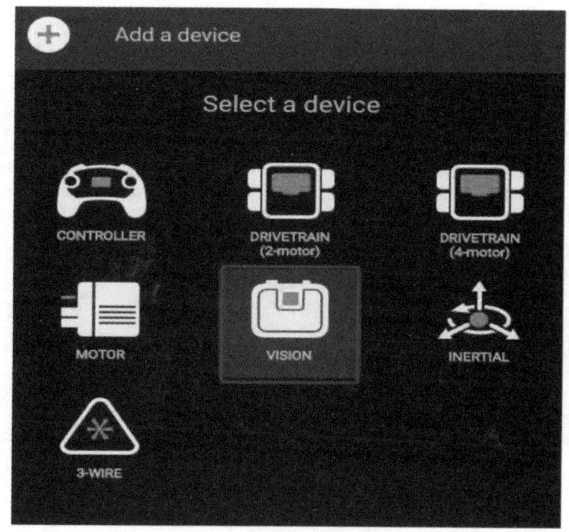

图7-25 添加视觉传感器

第2步 给视觉传感器选择对应的端口及名称，如图7-26所示。

图7-26 视觉传感器端口选择

第3步　点击Configure按钮，进行色彩标定，如图7-27所示。

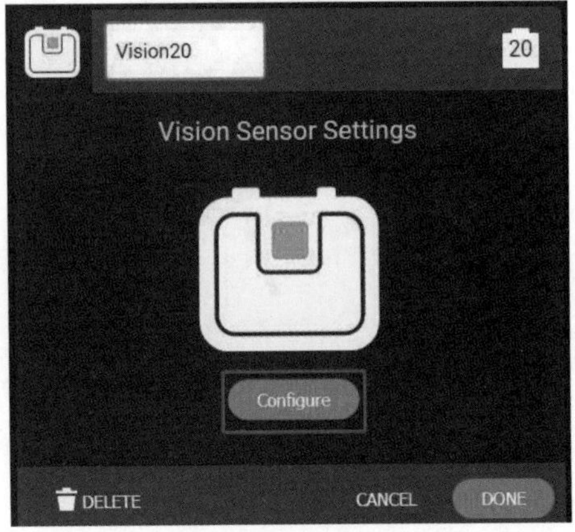

图7-27　视觉传感器标定配置选择

第4步　在View中放置一个对象。将一个物体放在Vision传感器前面，使其占据屏幕的大部分，然后点击“freeze”按钮锁定屏幕，如图7-28所示。

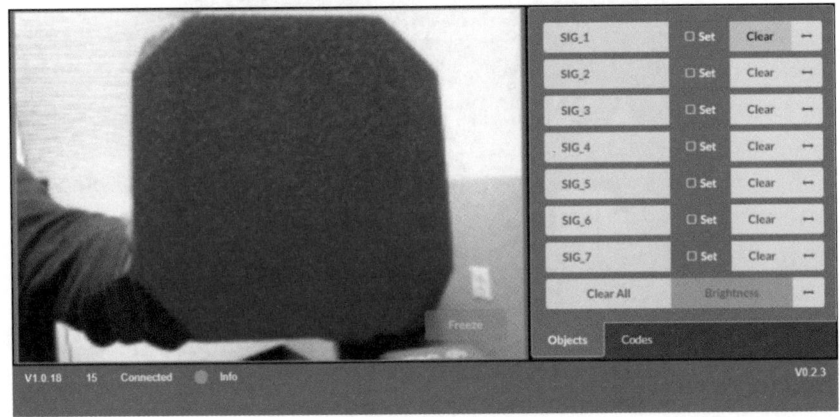

图7-28　视觉检测图

第5步　选择对象的颜色，如图7-29所示。

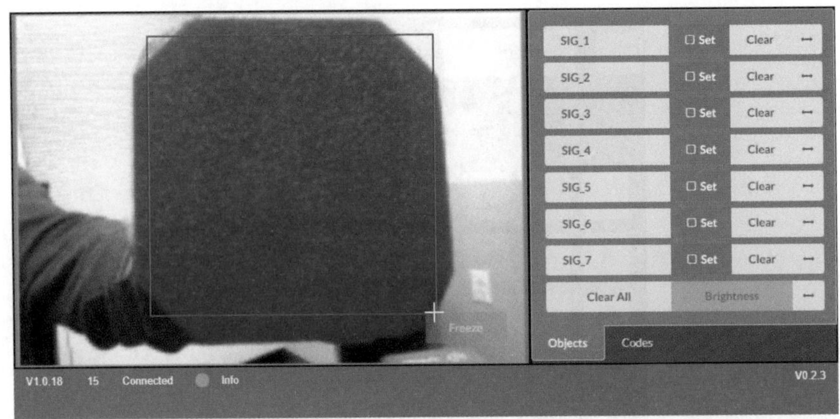

图7-29　视觉传感器标目标框选

单击并拖动要跟踪的颜色对象上的边界框。确保边界框主要包含对象的颜色，几乎没有背景。

第6步　分配颜色，单击7个“设置”复选框之一，标记该颜色，如图7-30所示。

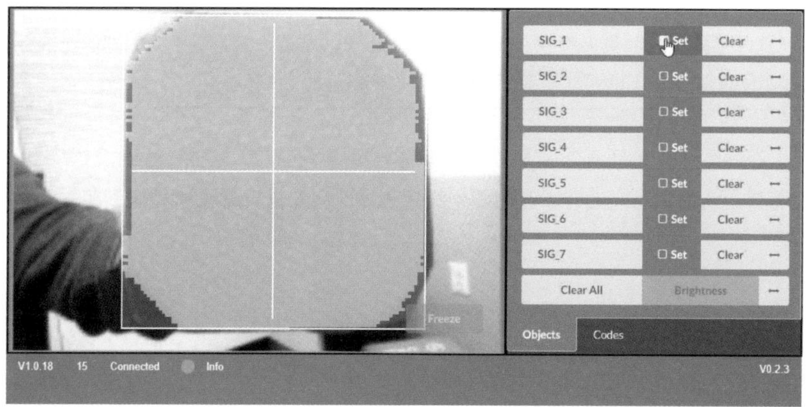

图7-30　视觉传感器标目标标定

第7步　调整亮度和精度，如图7-31所示。

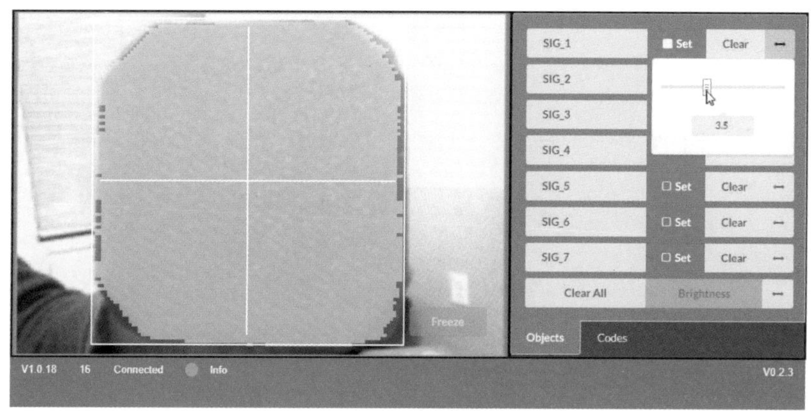

图7-31　调整亮度和精度

单击“Clear”按钮右侧的双向箭头图标，然后使用滑块校准视觉传感器以最佳地检测颜色签名。为获得最佳效果，请拖动滑块，直到标记颜色和背景颜色有较大差异。

第8步　保存结果，如图7-32所示。

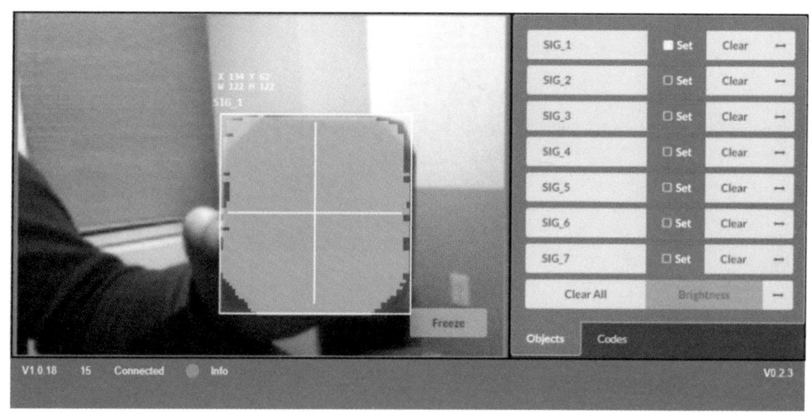

图7-32　保存结果

再次按“冻结”按钮以允许视觉传感器恢复跟踪。将有色物体移动到视觉传感器的视野内，以确保它被跟踪。如果跟踪按预期工作，请关闭Vision Utility。

注意： 要配置视觉传感器以检测更多颜色，请重复步骤4 ~ 8。视觉传感器对不同级别的光线敏感。如果机器人环境中的光线水平发生变化，则可能需要重新校准颜色签名。

【例7-25】在两轮小车的正前方安装视觉传感器，编程实现如下功能：小车在检测到绿色物体时向前移动，在检测到黄色物体时向右转，在检测到红色物体时向左转，在没有检测到相关颜色物体时停止。

配置：

```
// Robot Configuration:
// [Name]               [Type]        [Port(s)]
// Motor_Left           motor         4
// Motor_Right          motor         1
// Vision20             vision        20
```

//robot-config.cpp中自动生成的相关代码：

```
// VEXcode device constructors
motor Motor_Left = motor(PORT4, ratio18_1, false);
motor Motor_Right = motor(PORT1, ratio18_1, true);
/*vex-vision-config:begin*/
signature Vision20__SIG_GREEN = signature (1, -845, -317, -582, -4881, -4473, -4678, 2.4, 0);
signature Vision20__SIG_YELLOW = signature (2, 3553, 3897, 3726, -6127, -5935, -6030, 2.5, 0);
signature Vision20__SIG_RED = signature (3, 3985, 4543, 4264, -4847, -4591, -4718, 2.5, 0);
vision Vision20 = vision (PORT20, 50, Vision20__SIG_GREEN, Vision20__SIG_YELLOW, Vision20__SIG_RED);
/*vex-vision-config:end*/
```

程序：

```
#include "vex.h"
using namespace vex;
int main() {
  vexcodeInit();
  while(1)
  {
    //如果检测存在Vision20__SIG_GREEN色码，且记录的最大目标宽度大于5
    if (Vision20.takeSnapshot(Vision20__SIG_GREEN, 1) && Vision20.largestObject.width>5) {
      Brain.Screen.clearScreen(green);           //屏幕刷成绿色
      Brain.Screen.setFont(fontType::mono40);  //设置大字体
      Brain.Screen.printAt(200, 100, "Forward");
      Motor_Left.spin(fwd);  //小车前进
      Motor_Right.spin(fwd);
      wait(200, msec);
```

```
        }
        //如果检测存在Vision20__SIG_YELLOW色码，且记录的最大目标宽度大于5
        else if(Vision20.takeSnapshot(Vision20__SIG_YELLOW, 1) && Vision20.largestObject.
width>5){
          Brain.Screen.clearScreen(yellow);
          Brain.Screen.setFont(fontType::mono40);
          Brain.Screen.printAt(200, 100, "Right");
          Motor_Left.spin(fwd);
          Motor_Right.spin(reverse);
          wait(200, msec);
        }
        else if(Vision20.takeSnapshot(Vision20__SIG_RED, 1) && Vision20.largestObject.
width>5){
          Brain.Screen.clearScreen(red);
          Brain.Screen.setFont(fontType::mono40);
          Brain.Screen.printAt(200, 100, "Left");
          Motor_Left.spin(reverse);
          Motor_Right.spin(fwd);
          wait(200, msec);
        }
        else{
          Brain.Screen.clearScreen(black);
          Brain.Screen.setFont(fontType::mono40);
          Brain.Screen.printAt(200, 100, "Stop" );
          Motor_Left.stop(brake);
          Motor_Right.stop(brake);
          wait(200, msec);
        }
      }
    }
```

代码分析：该程序主要程序段放在while(1)无限循环中，让视觉传感器不断巡回检测。首先视觉传感器对象Vision20，使用成员函数takeSnapshot (signature &sig, uint32_t count)采集视觉数据，该函数会分析计算标签为&sig的色码是否存在，并返回检测到的最大count个目标。这里count为1，则直接记录识别到Vision20__SIG_GREEN色码的最大目标。函数返回对应参数检测到的目标个数。takeSnapshot()之后，视觉传感器对象会自动存储检测到的最大目标largestObject的相关参数，如宽度width、高度hight、中心坐标centerX、centerY等。这里用Vision20.largestObject.width>5来筛选最大检测的目标宽度需大于5。所以第一行的if条件为真时，需要同时满足Vision20检测到标记的绿色目标，且宽度需要大于5。满足第一个if条件后，将整个屏幕刷成绿色，用于提示，再设置字体为mono40的大号字体，在屏幕中央打印“Forward”，然后左右电机都以默认的速度（25%）旋转。

如果没检测到符合要求的Vision20__SIG_GREEN目标，则检测Vision20__SIG_YELLOW标签，检测到则左旋转，没检测到继续检测Vision20__SIG_RED标签，检测到则左旋转，没检测到则清屏为黑色，电机停转。执行完后再进行新一轮检测。

二、输出设备

1. 发光灯

在主控器上不仅能接传感器，还可以接发光二极管，发光二极管接在数字端口，在电机与传感器设置选择数字输出（digital out）。发光二极管可以做跑马灯或作为指示灯对机器进行检查等操作。比如，它可以检查标志变量程序是否已经执行。

如图7–33所示，这是发光二极管的构造图。它是半导体二极管的一种，可以把电能转化为光能。发光二极管的两根引线中较短的一根为负极，接电源负极。发光二极管较长的一根接正极，通电即可以发光。

注意：常见的发光二极管工作电压为3V，V5控制器数字输口电压输出为5 V。因而发光二极管需要自行串联一个电阻，保证其可以正常工作。建议使用官方提供的LED模块。

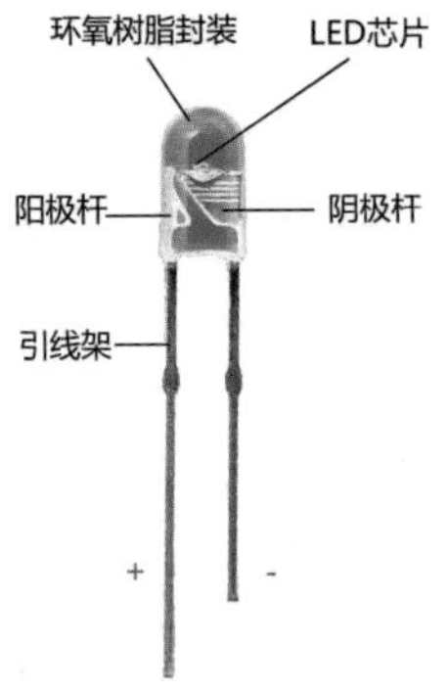

图7–33　发光二极管的构造图

图7–34所示，为VEX官方提供的发光二极管。可以直接插在主控器的3线端口上，其中中间的针为正极，靠近一边的针脚为信号口。

图7–34　官方提供的发光二极管

对于二极管小灯，需要进行如图7-35所示来配置：

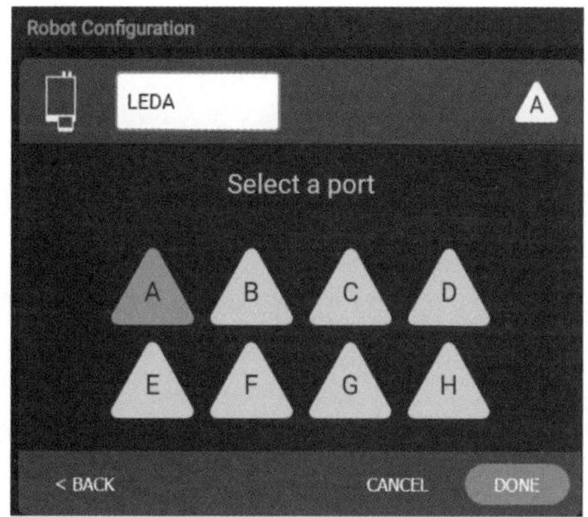

图7-35 发光二极管配置图

【例7-26】利用digital_out功能实现发光二极管一亮一灭闪灯的效果。

提示：为方便操作，可以用一根延长线来接发光二极管，分别接端口的正极和信号端口，也就是接红色和黄色端口。在硬件配置图形界面中，不需要做任何设置。但是在主函数main（ ）中，需要添加一行语句，定义数字输出。

配置：

```
//需要手动添加相关代码：
digital_out LED_out = digital_out(Brain.ThreeWirePort.A);
```

程序：

```
#include "vex.h"
using namespace vex;
digital_out LED_out = digital_out(Brain.ThreeWirePort.A); //数字输出端口配置

int main() {
  vexcodeInit();
  while(1)
  {
    LED_out.set(false);    //数字端口输出低电平
    wait(500, msec);
    LED_out.set(true);    //数字端口输出高电平
    wait(500, msec);
  }
}
```

程序运行结果：二极管亮半秒后灭半秒，一直循环下去。可以尝试减少延时，看看自己最快能接受多高的闪烁频率，体验人眼视觉暂留效应。

【例7-27】利用VEX官方自带LED功能实现一亮一灭闪灯的效果，硬件连接同例7-22。

配置：

```
// [Name]                [Type]        [Port(s)]
// LEDA                  led           A
```

//robot-config.cpp中自动生成的相关代码：

```
led LEDA = led(Brain.ThreeWirePort.A);
```

程序：

```
int main() {
  vexcodeInit();
  while(1)
  {
    LEDA.on();     //或LEDA.set(1); 亮灯
    wait(500, msec);
    LEDA.off();    //或LEDA.set(0); 灭灯
    wait(500, msec);
  }
}
```

2. 393电机驱动模块

V5 控制器支持VEX 393 电机，我们可以将马达的驱动模块直接插到主控器3线端口，如图7-36所示。完成设置后，在robot-config.h中自动生成硬件设置代码：

```
motor29 Motor393A;
```

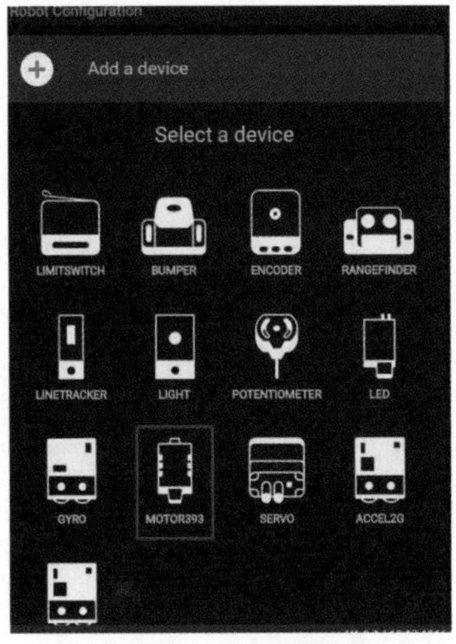

图7-36 添加393电机

【例7-28】控制393马达以80%的速度正转1秒，反转1秒，然后停止。

程序：

```
int main() {
  // Initializing Robot Configuration. DO NOT REMOVE!
  vexcodeInit();
  Motor393A.setVelocity(80, pct);
  Motor393A.spin(forward);
  wait(1, sec);
  Motor393A.spin(reverse);
  wait(1, sec);
  Motor393A.stop();
}
```

第八章

函数

一、函数概述

1. 函数的概念

函数是一个可以从程序其他地方调用执行的语句块，通过使用函数可以把程序以模块化的形式组织起来，从而进行结构化的程序设计。

函数一般包括库函数、自定义函数和主函数。库函数指由系统提供定义，如Brain.Screen.printAt ( )函数；自定义函数指用户根据需要定义，如run( )函数；库函数和自定义函数没有本质区别，表现形式和使用方法一样，只是开发者不同而已；在VEXcode中，int main()是一个主函数，是程序的入口。

程序中一旦调用了某个函数，该函数就会完成特定功能，然后返回到调用它的地方。除主函数外一般函数都不能单独运行。函数经过运算，得到一个明确结果，并需要回送该结果——有返回值函数；函数完成一系列操作步骤，不需要回送任何运算结果——无返回值函数。

2. 函数定义的一般形式

（1）无参函数定义的一般形式

```
类型标识符  函数名（）
{
  声明部分
  语句部分
 }
```

说明：在定义函数时要用“类型标识符”指定函数值的类型，即函数带回来的值的类型。

（2）有参函数定义的一般形式

```
                              形式参数列表
类型标识符  函数名（类型1  形参1，类型2  形参2…）
  {
  声明部分
      语句
    }
```

说明。

a. 所有函数在定义时都是互相独立的，即不能嵌套定义：所有函数（包括主函数int main()）都是平行的。一个函数的定义，可以放在程序中的任意位置，如主函数int main()之前或之后，如果函数定义放到该函数调用之后，则需要在一个函数的函数体内，不能再定义另一个函数，即不能嵌套定义。

b. 类型标识符：说明了函数返回值的类型，当返回值为int时，可省略不写。

c. 函数名：遵循标识符的命名规则；同一个函数中函数名必须统一。

d. 形参：只能是变量，每个形参前要有类型名；当定义的函数没有形参时叫作“无参函数”。

```
形式：类型标识符 函数名（ ）
              { 声明部分
                 语句 }
```

e. 函数体：当声明部分和语句都没有时，称为“空函数”，空函数没有任何实际作用。

```
形式：类型说明符    函数名（ ）
              {    }
```

3. 函数的返回值与函数类型

函数分为有返回值函数和无返回值函数两种。

（1）函数返回值与return语句

有参函数的返回值，是通过函数中的return语句来获得的。

return语句的一般格式：

```
return （ 返回值表达式 ）;
```

return语句的功能：返回调用函数，并将“返回值表达式”的值带给调用函数。

注意：调用函数中无return语句，并不是不返回一个值，而是返回一个不确定的值。为了明确表示不返回值，可以用“void”定义成“无（空）类型”。

（2）函数类型

在定义函数时，对函数类型的说明，应与return语句中、返回值表达式的类型一致。如果不一致，则以函数类型为准。如果缺省函数类型，则系统一律按整型处理。

良好的程序设计习惯：为了使程序具有良好的可读性并减少出错，凡不要求返回值的函数都应定义为空类型；即使函数类型为整型，也不使用系统的缺省处理。

4. 函数参数

实际参数和形式参数。

实际参数：调用函数时，函数名后面括号中的参数称为“实际参数”（简称实参）。

形式参数：定义函数时，函数名后面括号中的参数称为“形式参数”（简称形参）。

例如：

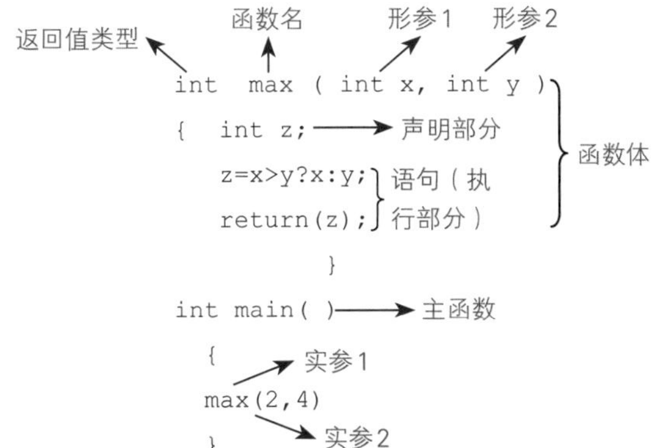

运用函数可以降低复杂性、避免重复代码，因此对机器人的编程也需要运用函数。

说明：

实参可以是常量、变量、表达式、函数等。无论实参是何种类型的量，在进行函数调用时，它们都必须具有确定的值，以便把这些值传送给形参。

因此，应预先用赋值、输入等办法，使实参获得确定的值。

形参变量只有在被调用时，才分配内存单元；调用结束时，即刻释放所分配的内存单元。因此，形参只有在该函数内有效。调用结束，返回调用函数后，则不能再使用该形参变量。

实参对形参的数据传送是单向的，即只能把实参的值传送给形参，而不能把形参的值反向地传送给实参。

实参和形参占用不同的内存单元，即使同名也互不影响。

5. 函数的嵌套调用和递归调用

（1）函数的嵌套调用

函数的嵌套调用是指在执行被调用函数时，被调用函数又调用了其他函数。这与其他语言的子程序嵌套调用的情形是类似的，其关系可表示如图8-1所示。

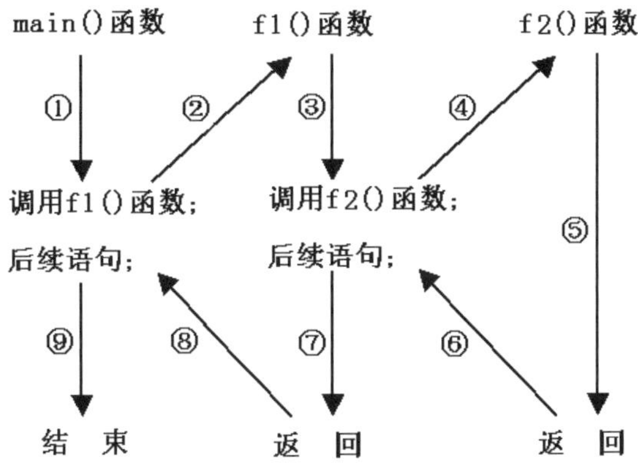

图8-1 函数的嵌套调用

（2）函数的递归调用

函数的递归调用指一个函数在它的函数体内，直接或间接地调用它自身。在递归调用中，调用函数又是被调用函数，执行递归函数将反复调用其自身。每调用一次就进入新的一层。

为了防止递归调用无终止地进行，必须在函数内有终止递归调用的手段。常用的办法是加条件判断，满足某种条件后就不再作递归调用，然后逐层返回。

6. 函数设计的基本原则

函数设计和使用是结构化编程的核心。通常函数设计要遵循如下的几条原则。

（1）编程时代码块重复，这时候必须考虑用到函数，降低程序的冗余度。

（2）编写的代码块复杂，这时候可以考虑用到函数，增强程序的可读性。

（3）函数的功能要尽量单一，不要设计多用途的函数。

（4）函数体的规模要小，尽量控制在80行代码之内。

（5）函数定义不要包含测试显示代码，实在无法分开的，可添加少量调试代码。

（6）函数和参数命名要恰当、有意义、简洁易懂、顺序合理。

（7）原则上尽量少使用全局变量，因为全局变量的生命周期太长，容易出错，也会长时间占用空间。

（8）相同的输入应当产生相同的输出。尽量避免函数带有“记忆”功能。

（9）函数类型要和返回值类型相同。

（10）不要省略返回值的类型，如果函数没有返回值，那么应声明为void 类型。如果没有返回值，编译器则默认为函数的返回值是int类型的。

（11）避免函数有太多的参数，参数个数尽量控制在4个或4个以内。如果参数太多，在使用时容易将参数类型或顺序搞错。

7. 案例练习

【例8-1】编写一个函数，实现比较两个整数大小，并返回其中较大数的功能。并在主函数中编写测试程序，将输入的数和输出的数打印到屏幕上。

程序：

```
int intMax(int x, int y)
{
  int temp = x >y ? x : y;
  return temp;
}

int main() {
  // Initializing Robot Configuration. DO NOT REMOVE!
  vexcodeInit();

  //intMax()函数测试程序
  srand(1);                          //产生随机数种子
  while(1){
    int myX = 1000-rand()%2000;    //随机产生-999 ~ 1000的整数myX
    int myY = 1000-rand()%2000;    //随机产生-999 ~ 1000的整数myY
    Brain.Screen.printAt(2,20, "Input x =%4d, y =%4d", myX, myY); //显示输入值
    int myMax = intMax(myX, myY); //传入实参，通过函数计算输出较大值
    Brain.Screen.printAt(2,40, "Output intMax =%4d", myMax);    //显示输出的值
```

```
    wait(4, sec);                      //循环延时
  }
}
```

程序运行结果如图8-2所示。

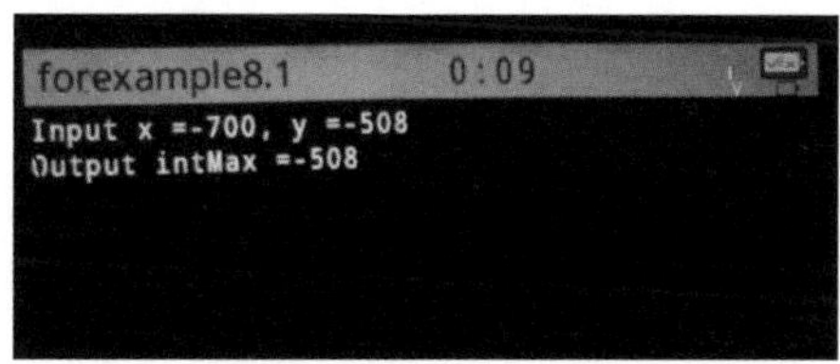

图8-2 程序运行结果

【例8-2】编写函数实现求两个整数的和，并在主函数中编写测试程序。

程序：

```
//声明两个整数求和函数
int intSum(int x, int y);

int main() {
  vexcodeInit();

  //intSum()函数测试程序
  srand(1);                            //产生随机数种子
  while(1){
    int myX = 1000-rand()%2000;    //随机产生-999 ~ 1000的整数myX
    int myY = 1000-rand()%2000;    //随机产生-999 ~ 1000的整数myY
    Brain.Screen.printAt(2,20, "Input x =%4d, y =%4d", myX, myY); //显示输入的值
    int mySum = intSum(myX, myY); //传入实参，通过函数计算两数之和
    Brain.Screen.printAt(2,40, "Output intSum =%5d", mySum);    //显示输出的值
    wait(4, sec);                      //循环延时
  }
}

//定义两个整数求和函数
int intSum(int x, int y)
{
  return x + y;
}
```

程序运行结果如图8-3所示。

图8-3 程序运行结果

程序分析：若将函数放在函数调用之后定义，需要在调用前对函数进行声明。

【例8-3】编写函数求正整数1至n的和，并测试。

程序：

```
//定义求1至n累加和的函数
int cuSum(int n)
{
  if(n <=1){                          //输入非法参数提示
    Brain.Screen.printAt(180, 100, "ERROR: n <= 1");
    wait(5, sec);                     //延时提示
    return 0;                         //输入出错，则返回0
  }

  int sum = 0;
  for(int i=1; i<=n; i++)
    sum = sum + i;
  return sum;
}

int main() {
  vexcodeInit();

  //intSum()函数测试程序
  srand(1);                           //产生随机数种子
  while(1){
    int myN = rand()%1000-499;        //随机产生-499 ~ 500的整数myN
    Brain.Screen.clearScreen();
    Brain.Screen.printAt(2,20, "Input n =%4d", myN);           //显示输入的值
    int mySum = cuSum(myN);           //传入实参，通过函数计算两数之和
    Brain.Screen.printAt(2,40, "Output cuSum =%d", mySum);     //显示输出的值
    wait(4, sec);                     //循环延时
  }
}
```

程序运行结果如图8-4所示。

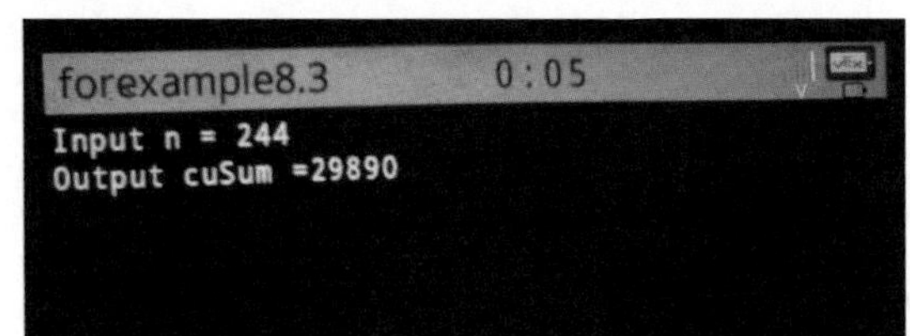

图8-4　程序运行结果

【例8-4】有5个人坐在一起，问第5个人多少岁？他说比第4个人大2岁。问第4个人多少岁，他说比第3个人大2岁。问第3个人多少岁，又说比第2个人大2岁。问第2个人多少岁，说比第1个人大2

岁。最后问第1个人多少岁，他说是10岁。请问第5个人多少岁？

问题分析：age(5)=age(4)+2

age(4)=age(3)+2

age(3)=age(2)+2

age(2)=age(1)+2

age(1)=10

可以用数学公式表述如下：

age(n)=10　　　　　(n=1)

age(n)=age(n−1)+2　(n>1)

求解的过程分成了回推和递推两个阶段。显而易见，如果求递归过程不是无限制进行下去，则必须具有一个结束递归过程的条件。age(1) = 10，就是递归结束的条件，如图8-5所示：

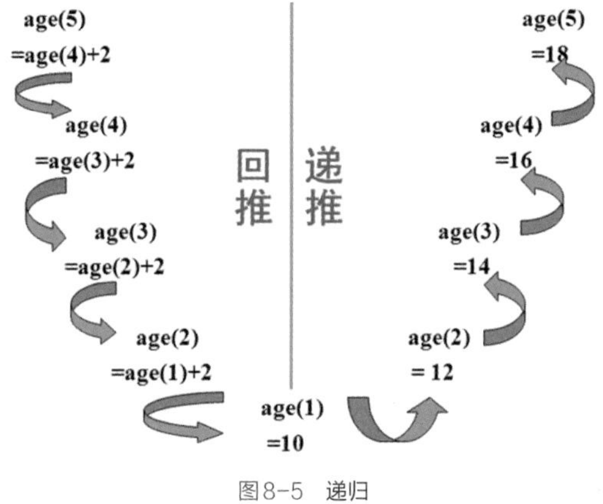

图8-5　递归

我们可以用一个函数来描述上述递归过程。

程序：

```
//递归函数的实现
int age(int n)
{
  int c;
  if(n == 1)
     c=10;                //第一个人年龄为10岁
  else
     c=age(n-1)+2;        //后边每个人的年龄一次在前一个人的基础上加2
  return c;
}

int main() {
  vexcodeInit();

  int k=age(5);
  Brain.Screen.printAt(200, 120, "age =%2d",k); //输出第5个人的年龄
}
```

程序运行结果如图8-6所示。

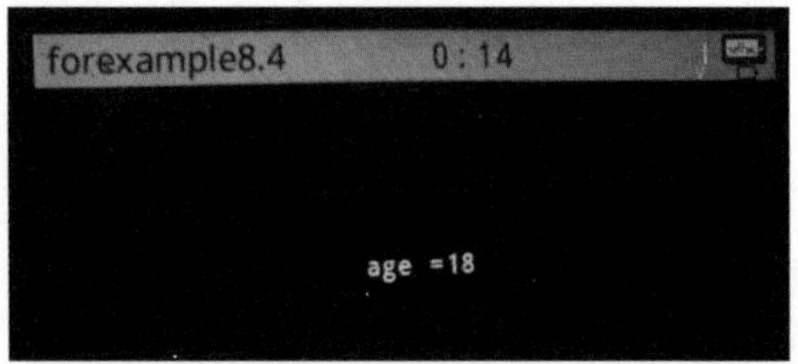

图8-6 程序运行结果

注意： 上面的程序没有写出当n的数值在不合理时的情况，当n=负正型时该怎么处理，下面的程序做了完善。

程序：

```
int age(int n)
{
  int c;
  if(n == 1)
    c = 10;                    //第一个人年龄为10岁
  else if(n>1)
    c = age(n-1) + 2;          //后边每个人的年龄一次在前一个人的基础上加2
  else
    c = -1;                    //如果给出的值不合法，就返回-1
  return c;
}

int main() {
  vexcodeInit();

  int k=age(-1);
  Brain.Screen.printAt(200, 120, "age = %2d", k);          //输出第5个人的年龄
}
```

程序运行结果如图8-7所示。

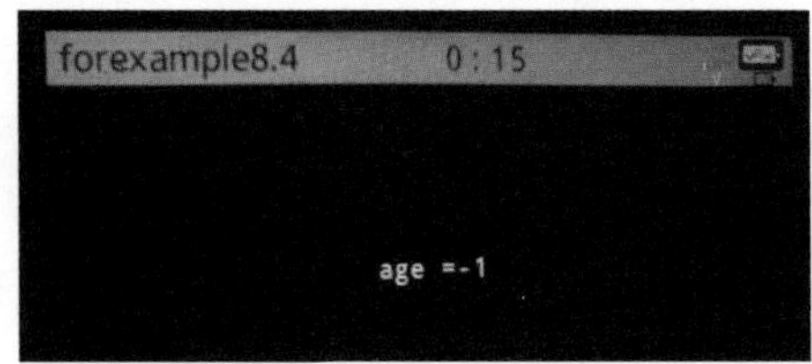

图8-7 程序运行结果

注意： 在声明函数类型时，如函数需要返回值，函数类型要定义int类型，并且返回值为int型，如果不需要返回，只需要执行可定义void即可。
再次强调编写程序时规范输入的重要性，中文符号书写错误常常会导致编译出错。

二、机器人基本运动函数

每年的VEX赛事都有新主题，我们设计的机器人要具备完成赛事相应任务的机械结构和控制传感系统，同时要为相应的机构和系统编写控制程序。将每个子功能都写成相对独立的函数是好的编程习惯。

下面我们以2019 ~ 2020年赛季七塔奇谋EDR赛事中最常见的斜坡机器人为例，按功能模块编写机器人的基本运动函数，包括底盘运动、吸吐方块、推拉斜坡、升降手臂等。第一部分是机器人向前、向后、左转、右转等运动函数；第二部分是机器人底盘刹车方式控制函数；第三部分是机器人吸吐方块控制函数；第四部分是机器人推拉斜坡控制函数。这四个部分包括runChassis、stopChassis、stopIntake、runIntake、resetSlope、stopSlope、runSlope、resetArm、stopArm、runArm这几个函数。我们通过这些函数就可以完成机器人的基本运动和控制操作了。下面我们来了解这些函数。

1. Chassis底盘运动函数

底盘运动控制函数主要包括可实现机器人前进、后退、左右转弯和旋转运动功能的runChassis函数，以及控制机器人刹车制动模式的stopChassis函数。下面我们将对这两个函数分别讲解。

runChassis函数的主要功能是为了让机器人行走。该函数无返回值，形参leftSpeed、rightSpeed用于控制机器人左右侧电机转速，两侧前后电机转速相同，速度单位是百分比（pct）：

```
void runChassis (int leftSpeed, int rightSpeed)
{
  //将底盘的四个轮子输出力矩设为最大
  MotorLF.setMaxTorque(100, pct);
  MotorLB.setMaxTorque(100, pct);
  MotorRF.setMaxTorque(100, pct);
  MotorRB.setMaxTorque(100, pct);

  //左侧前后两个电机以leftSpeed速度旋转
  MotorLF.spin(fwd, leftSpeed, pct);
  MotorLB.spin(fwd, leftSpeed, pct);
  //右侧前后两个电机以rightSpeed速度旋转
  MotorRF.spin(fwd, rightSpeed, pct);
  MotorRB.spin(fwd, rightSpeed, pct);
}
```

说明：runChassis函数既能让机器人前后直走，也能让机器左右转弯。运动速度leftSpeed、rightSpeed值范围是−100~100，值大于零时轮子驱动机器人向前运动，值小于零时则往后运动。

底盘刹车方式可根据电机的刹车模式：滑行刹车（coast）、急刹车（brake）、锁死刹车（hold）确定3种对应的模式。这3种底盘刹车模式可合并编写成一个stopChassis函数。该函数为void无返回值类型，输入形参为3种刹车模式，数据类型为brakeType，具体函数定义如下：

```
void stopChassis(brakeType brakeMode)
{
    MotorLF.stop(brakeMode); //设置左前轮刹车模式
    MotorLB.stop(brakeMode); //设置左后轮刹车模式
    MotorRF.stop(brakeMode); //设置右前轮刹车模式
```

```
    MotorRB.stop(brakeMode); //设置右后轮刹车模式
}
```

但上面四轮同时采用相同刹车模式的做法通常不适宜。这一点可以从我们日常生活的经验中得出，比如自行车刹车，平地上大多用后轮刹车，刹前轮速度过快容易前栽摔倒；小汽车刹车有防抱死系统，防止刹车后轮子锁死翻车。所以好的刹车方式需要根据车子运行速度、方向、重心位置、允许的刹车时间和滑行距离合理选择。小车重心偏中前方时，小车刹车，后轮的刹车力应大于前轮，通常后轮使用急刹（brake），前轮使用滑行刹车方式（coast）。比如VEX官方样板车Clawbot就适宜采用该模式。小车重心偏后方时，前轮刹车力应大于后轮，通常后轮使用滑行刹车（coast），前轮使用急刹车的方式（brake）。比如2020赛季七塔奇谋常用的带斜坡车型重心靠后，宜采用此刹车模式，若后轮急刹容易翻车。据此我们定义了前刹车函数frontBrake和后刹车函数rearBrake，具体代码如下：

```
void rearBrake(void)              //后轮刹车模式
{ //左右前轮滑行刹车，左右后轮急刹车
  MotorLF.stop(coast); MotorLB.stop(brake);
  MotorRF.stop(coast); MotorRB.stop(brake);
}

void frontBrake(void)             //前轮刹车模式
{ //左右前轮急刹车，左右后轮滑行刹车
  MotorLF.stop(brake); MotorLB.stop(coast);
  MotorRF.stop(brake); MotorRB.stop(coast);
}
```

2. intake吸块函数

intake函数主要包含了机器人实现吸吐方块相关的函数，有停转stopIntake、吸吐块函数runIntake。这两个函数方便后面自动程序和手动程序的编写。stopIntake停转函数为无返回值类型，输入形参为电机刹车模式brakeType。在七塔奇谋赛季斜坡车应用中，为了防止方块受重力自动吐出，吸块机构需要足够的夹紧力，通常使用hold锁紧刹车模式。runIntake吸吐块函数亦是无返回值类型，输入形参为速度，类型为pct，正值为正向转动，负值为反向转动。该函数配置吸吐块时电机最大力矩为100%，吸吐块速度为speed。stopIntake和runIntake具体函数定义如下：

```
void stopIntake(brakeType brakeMode)
{
  MotorIntakeL.stop(brakeMode);    //吸块机构左电机刹车模式
  MotorIntakeR.stop(brakeMode);    //吸块机构右电机刹车模式
}

void runIntake(double speed)
{
  //吸块两侧电机输出力矩设为最大
  MotorIntakeL.setMaxTorque(100, pct);
  MotorIntakeR.setMaxTorque(100, pct);

  MotorIntakeL.spin(fwd, speed, pct);
```

```
  MotorIntakeR.spin(fwd, speed, pct);
}
```

3. Slope推拉斜坡函数

推拉斜坡相关函数包括斜坡机构的复位resetSlope、停止stopSlope、推拉runSlope等函数。通过这些函数控制斜坡机构运动，尽可能快速平稳地堆放斜坡上的方块。

斜坡机构的位置控制斜坡的倾斜角度信息，获得这一角度信息，可以在机构合适位置安装角度传感器，也可以通过驱动斜坡的电机编码器间接获取。在本书中，我们采用后一种方式，所以在斜坡初始位置时对电机编码器复位设置零点非常重要。resetSlope函数无返回值类型、无输参数，其中除复位相关电机编码器外，还重置电机最大输出力矩。resetSlope具体定义代码如下：

```
void resetSlope(void)
{
  MotorSlope.setMaxTorque(100, pct);      //设置电机最大输出力矩
  MotorSlope.resetPosition();             //复位编码器
}
```

stopSlope函数主要功能是设置驱动推拉斜坡电机的刹车模式，即brakeType的coast、brake、hold三种。runSlope函数是控制斜坡运动的核心，为无返回值类型，输入参数为斜坡的位置pos和推拉方向dir。stopSlope和runSlope函数定义代码如下：

```
void stopSlope(brakeType brakeMode)
{
  MotorSlope.stop(brakeMode);
}

void runSlope(double pos, directionType dir)
{
  //如果要推斜坡
  if(dir==fwd) {
    if(pos<500)                           //如果编码器值小于500，满速运动
      MotorSlope.spin(dir, 100, pct);
    else if(pos<1000)                     //如果位于500 ~ 1000匀减速到0
      MotorSlope.spin(dir, (1000-pos)/5, pct);
    else stopSlope(hold);                 //编码器值大于1000停止推动
  }
  else {  //如果收斜坡
    if(pos>500)                           //编码器值大于200全速收斜坡
      MotorSlope.spin(dir, 100, pct);
    else if(pos>0)                        //位置小于500开始减速
      MotorSlope.spin(dir, pos/5+10, pct);
    else
      stopSlope(coast);                   //编码器值小于0停止推动
  }
}
```

4. Arm升降手臂函数

和斜坡类似，我们为机器人手臂机构设计了3个函数：复位resetArm、停止stopArm、升降runArm等函数。我们通过这些函数控制机器人手臂机构运动，尽可能快速平稳地将手臂抬升或降到指定位置。函数定义程序代码如下：

```
void resetArm(void)
{
  MotorArm.setMaxTorque(100, pct);        //设置电机最大输出力矩
  MotorArm.resetPosition();               //复位编码器
}
void stopArm(brakeType brakeMode)
{
  MotorArm.stop(brakeMode);
}

void runRockerArm(double pos, double speed)
{
  MotorArm.spin(fwd, speed, pct);
}
```

注意： runArm函数形参是机器人手臂编码器的绝对位置pos和运动速度speed。为了保证能正确运动，在机器人启动初始化或手臂位置复位时，一定要对手臂编码器进行复位，即调用resetArm函数。

第九章

机器人设计与比赛程序编写

一、“七塔奇谋”机器人比赛任务

2019 ~ 2020赛季VEX机器人比赛的主题为“七塔奇谋”。任务是在如图9-1所示的1.2m x 1.2m的正方形场地上进行，两支联队（红队和蓝队）各由两支赛队组成，在包含前15秒自动赛时段和后1分45秒手动控制时段的赛局中竞争。赛局的目标是需要将5.5英寸的正方体放在己方得分区，以及将方块放置在塔台中，通过使方块得分取得比对方联队更高的分数，每种颜色方块的分值由放置在塔台内的该颜色方块的数量决定。在自动赛时段得分最高的联队将获得奖励分和赛局导入物，比赛场地如图9-1和图9-2所示。

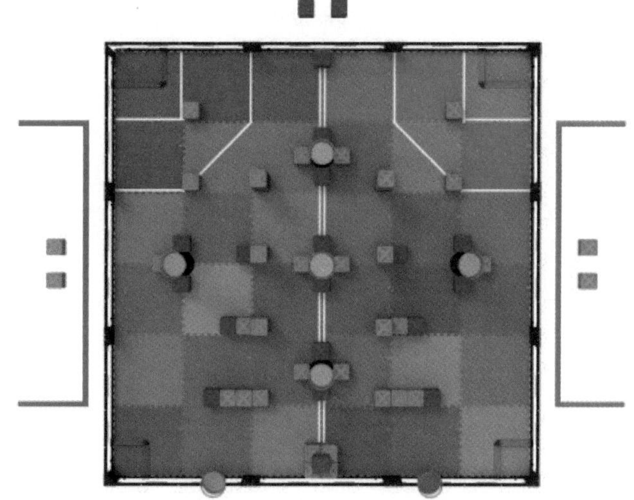

图9-1　场地初始布局俯视图

VEX EDR 挑战赛“七塔奇谋”的场地包含如下要素。

- 66个方块
- 22个橙色方块，包括用于红方联队的2个预装
- 22个绿色方块，包括用于蓝方联队的2个预装
- 22个紫色方块，包括2个作为自动时段奖励分的部分
- 4个得分区，每支联队2个，用于方块得分
- 7个不同高度的塔台，用于放置方块
- 2个联队塔台，每支联队1个，只能被本方联队使用
- 5个中立塔台，双方联队均可使用

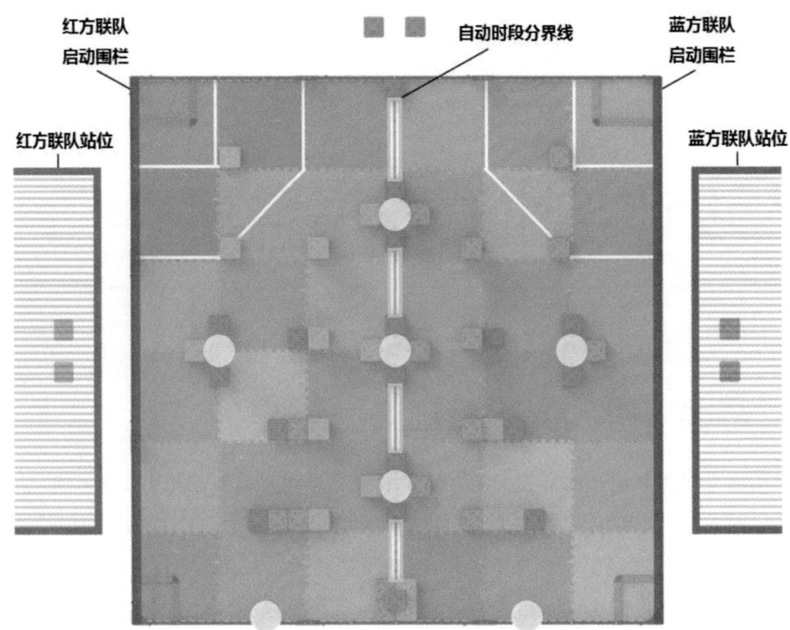

图9-2　启动位置，联队站位和自动时段分界线俯视图

考虑到比赛时机器人可以在1.2m x 1.2m的正方形场地上全场移动，要求机器人的底盘运行速度快，灵活且易控制。

得分方块数量多，方块体积较大形状规则且得分区域面积小，可以设计一种使得分方块堆叠的结构来存储方块，存储够一定数量可以一次性全部放进得分区域。

方块是一个表面有凹槽的中空塑料立方形物体，正常情况下滚动静止后总有一个面接触场地表面。收集方块可以使用机械架子夹取，根据经验吸盘也是一种比较好的收集方块的方式，有设计制作简单、收集效率高等特点。

根据VEX 机器人竞赛设计委员会发布的竞赛手册（详见附件中的机器人规则<R4>），机器人须符合尺寸限制要求，赛局开始时，机器人须小于457.2 mm × 457.2 mm × 457.2 mm。在初始尺寸满足要求的情况下，通过铰链、皮筋、卡扣等零部件，机器人的某些机构可以设计制作为折叠结构，以皮筋为伸展动力变形后使得机器人可以收集更多的得分物品，有更高的执行效率。

VEX官方新推出的V5主控器和马达有很多优点，电机功率强劲，转速可变，智能化程度很高，控制方便，在机器人的搭建时可以利用齿轮组、不规则平行四边形机构将电机的旋转运动转化为摆动或直线运动的方式。所以在机器人设计建造时全部采用v5电机提供动力，根据VEX 机器人竞赛设计委员会发布的竞赛手册中的机器人规则<R17>，机器人使用一种控制系统，选择如下控制系统方案设计搭建本赛季机器人：

系统组成：一个V5主控器、最多8个V5智能电机，不使用气动元件，气管除外。

二、机器人设计建造

为了实现得分、放塔台的目标，我们可以将机器人设计分为3个部分：底盘（运动部分），吸盘及抬升装置（收集方块部分），斜坡(储存方块，并完成最后堆叠)。经过前面对比赛任务的规则分析，本书将电机动力系统分配设计如表9-1所示。

表9-1 电机动力系统分配

机械机构	电机数量（个）	额定输出转速（转/分钟）	齿轮箱
底盘	4	200	
吸盘	2	100	
抬升	1	100	
斜坡	1	100	

1. 底盘设计

底盘支架使用官方标准1x2x1C-Channel 搭建，长35格，宽27格，使用4个V5电机和4个3.25英寸的万向轮组成的左右差动底盘，为了保证左右两侧前后轮动力一致，采用链条链轮传动方式将前后轮连接起来。底盘设计如图9-3至图9-5所示。

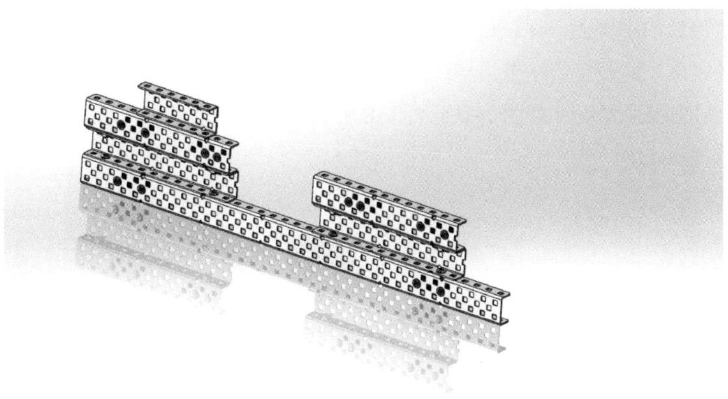

图9-3 机器人底盘支撑梁

图9-4 机器人底盘动力、传动结构

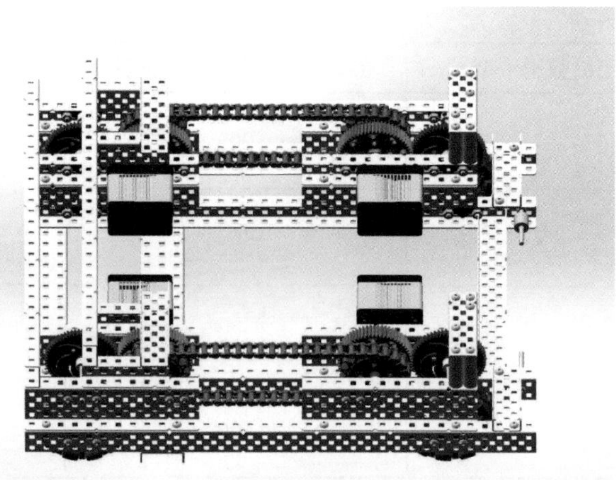

图9-5　机器人底盘总体设计

2. 吸盘及手臂设计

吸盘左右两侧电机输出转速大小相同，方向相反，各侧电机通过齿轮传动带动前后圆盘工作，前端圆盘采用拨片结构以增大与得分方块的接触，后端圆盘使用坦克履带增大摩擦以此推动方块移动。左右吸盘铰链安装在可旋转的手臂上，保证机器人的初始尺寸，左右手臂各由35格1x2x1C-Channel 并列搭建，保证了手臂的刚度，同时整个手臂由V5马达通过1∶7的传动比的齿轮组提供旋转转动力，可以将得分方块放于塔台。吸盘及手臂设计如图9-6至图9-8所示。

图9-6　机器人手臂

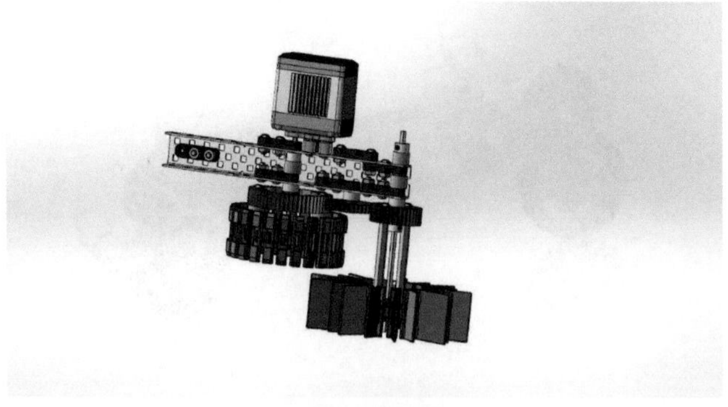

图9-7　机器人吸盘

图9-8 吸盘及手臂总体结构设计

3. 斜坡设计

斜坡为6英寸12格C-Channel的宽度，恰好大于得分方块5.5英寸，使得分方块可以延斜坡自由滑动，同时3级可折叠设计既保证了机器人的初始尺寸要求，又使得伸展开能够存储更多的方块，斜坡底端铰链连接在机器人底盘上，由V5马达通过1∶7的传动比的齿轮组提供翻转动力。斜坡设计如图9-9至图9-14所示。

图9-9 斜坡翻转动力

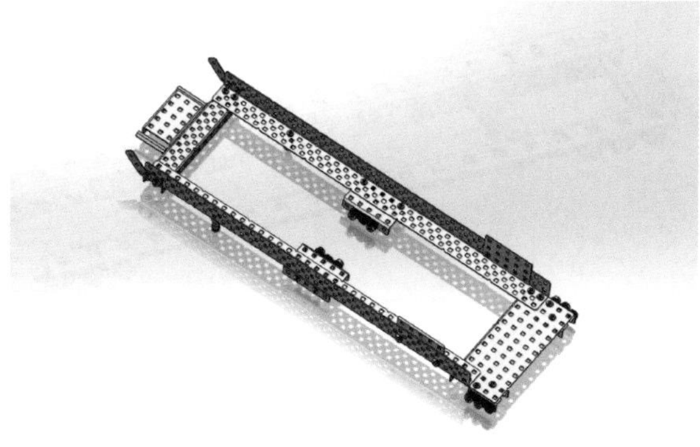

图9-10 机器人第一级斜坡

图9-11　机器人第二级斜坡

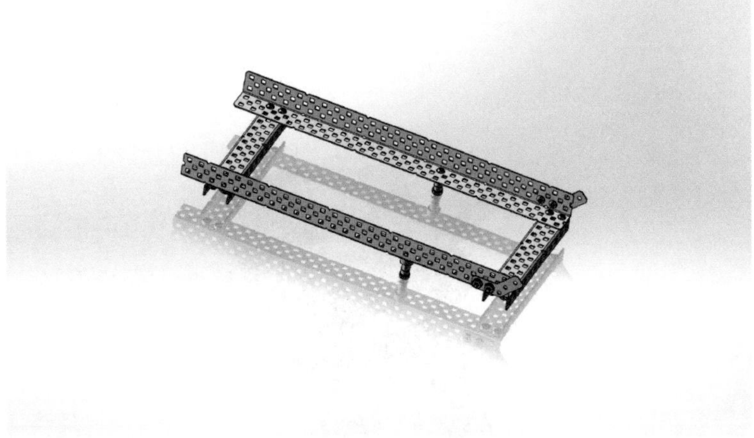

图9-12　机器人第三级斜坡

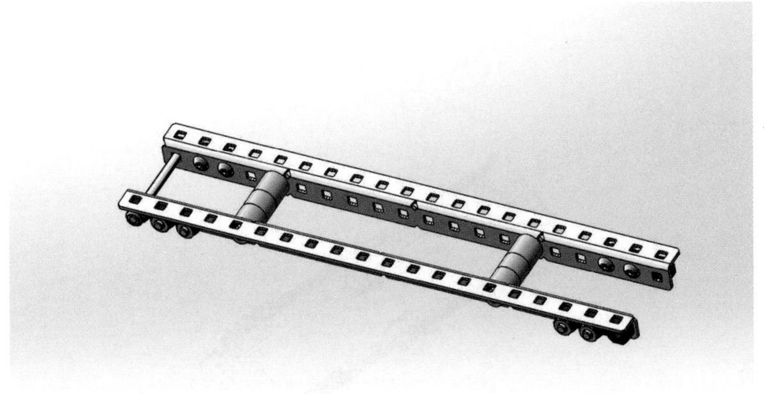

图9-13　机器人斜坡支架

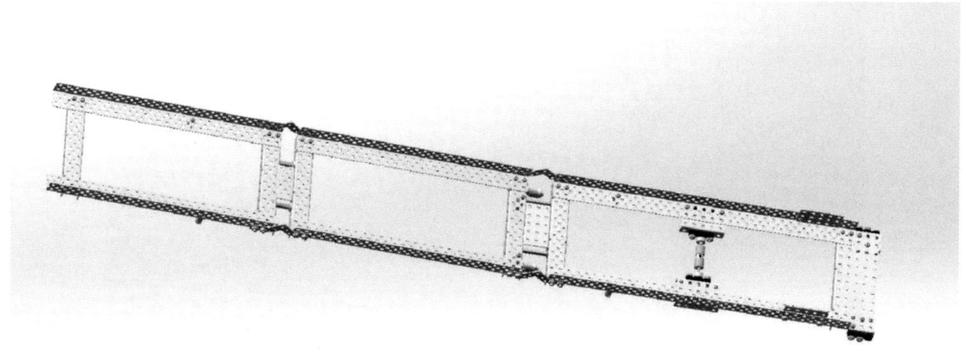

图9-14 斜坡展开总体结构

4. 七塔奇谋机器人伸展整体结构

七塔奇谋机器人伸展整体结构如图9-15至图9-18所示。

图9-15 七塔奇谋机器人伸展整体结构主视图

图9-16　**七塔奇谋机器人伸展整体结构侧视图**

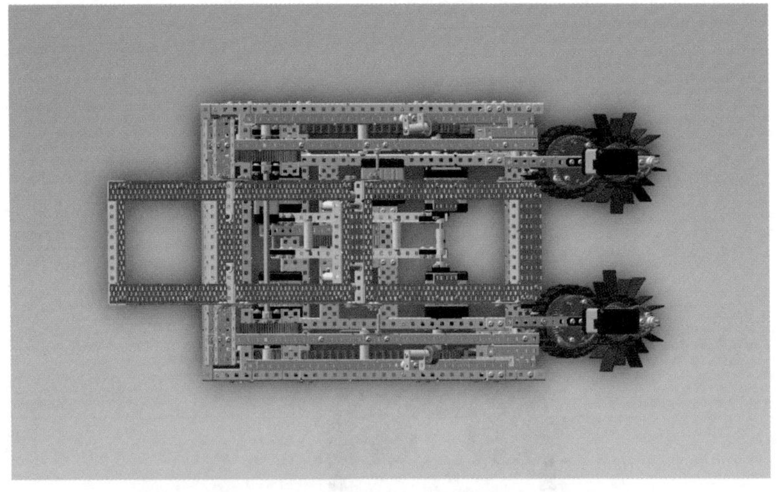

图9-17　**七塔奇谋机器人伸展整体结构俯视图**

图9-18　七塔奇谋机器人伸展后整体结构45°视图

三、编写机器人的手动程序

VEX机器人竞赛将比赛设置为两个阶段：开始一小段时间是自动时段，无人操控，由提前写好的程序控制机器人运动，完成任务；接着是手动控制时段，由操控手遥控操作机器。接下来我们将会介绍手动模式和自动模式阶段。

1. 手动程序

手动模式阶段是手动控制机器，程序将每一个需要的按键，赋予一定的功能。程序需要适合操控手的习惯，可以将一些组合的功能通过一个按键来实现，以便于操控手有更多的精力去应对瞬息万变的赛场。

【例9-1】用遥控器1号和2号通道控制机器人底盘运动。当要求松开遥控器时，机器人能够判断机器人自身前进还是后退，来选择前刹车还是后刹车。

配置：

```
// [Name]              [Type]         [Port(s)]
// Controller1         controller
// MotorLF             motor          10
// MotorLB             motor          4
// MotorRF             motor          14
```

```
// MotorRB              motor          1
```

//robot-config.cpp中自动生成的相关代码：

```
controller Controller1 = controller(primary);
motor MotorLF = motor(PORT10, ratio18_1, false);
motor MotorLB = motor(PORT4, ratio18_1, false);
motor MotorRF = motor(PORT14, ratio18_1, true);
motor MotorRB = motor(PORT1, ratio18_1, true);
```

程序：

```
void runChassis (int leftSpeed, int rightSpeed)
{
    //函数定义具体代码请参考第八章
}
void stopChassis(brakeType brakeMode)
{
    //函数定义具体代码请参考第八章
}
void rearBrake(void)                              //后轮刹车模式
{
    //函数定义具体代码请参考第八章
}
void frontBrake(void)                             //前轮刹车模式
{
    //函数定义具体代码请参考第八章
}

int main() {
  // Initializing Robot Configuration. DO NOT REMOVE!
  vexcodeInit();
  while(1){
    int A1Value = Controller1.Axis1.position(); //获取摇杆1的值-100~100
    int A2Value = Controller1.Axis2.position(); //获取摇杆2的值-100~100
    if(abs(A1Value)>5 || abs(A2Value)>5){       //为防止误触，摇杆值在-5~5才启动电机
      int leftSpeed  = A2Value  + A1Value*0.4;  //左侧电机速度，0.4是为降低转弯速度
      int rightSpeed = A2Value  - A1Value*0.4;  //右侧电机速度，0.4是为降低转弯速度
      runChassis(leftSpeed, rightSpeed);        //调用底盘运动函数
    }
    else {
      if(MotorLB.direction()==fwd || MotorRB.direction()==fwd) //若当前底盘有电机往前走
        frontBrake();                           //前刹车
      else  rearBrake();                        //后刹车
    }
    wait(20, msec);
  }
}
```

【例9-2】

用遥控器L1按键和L2按键控制吸盘收方块，按下L1按键全速收，按下L2按键70%功率吐，L1按键和L2按键同时按下，40%功率吐（放置塔台）。没有按键的时候，将吸盘锁住，防止方块滑落。

配置：

```
// [Name]                  [Type]         [Port(s)]
// Controller1             controller
// MotorIntakeL            motor          12
// MotorIntakeR            motor          17
```

//robot-config.cpp中自动生成的相关代码：

```
controller Controller1 = controller(primary);
motor MotorIntakeL = motor(PORT12, ratio36_1, true);
motor MotorIntakeR = motor(PORT17, ratio36_1, false);
```

程序：

```
void stopIntake(brakeType brakeMode)
{
    //函数定义具体代码请参考第八章
}

void runIntake(double speed)
{
    //函数定义具体代码请参考第八章
}

int main() {
  // Initializing Robot Configuration. DO NOT REMOVE!
  vexcodeInit();
  while(1){
    if(Controller1.ButtonL1.pressing()&&Controller1.ButtonL2.pressing())
      runIntake(-40);    //如果L1和L2同时按下，则反向以40%速度转动吐方块
    else if(Controller1.ButtonL1.pressing())
      runIntake(100);    //如果L1按下，则全速正向转动吸方块
    else if(Controller1.ButtonL2.pressing())
      runIntake(-70);    //如果L2按下，则反向以70%速度转动
    else
      stopIntake(hold); //其他情况停转，并保持锁死

    wait(20, msec);
  }
}
```

【例9-3】

用遥控器R1按键和R2按键控制斜坡的位置。在开机时候，将斜坡手动放到最低点并且将控制斜坡运动的马达编码器清零，按住R1按键，向上运动；到达中间位置前，全速运动；经过中间点之后，匀减速运动；当斜坡到达最高点的（完全垂直于地面）时候，马达停止转动。按住R2按键，向下运动；到达

中间位置前，全速运动；经过中间点之后，匀减速运动；当斜坡到达最低点（编码器数值为0）的时候，马达停止转动。

配置：

```
// [Name]                  [Type]         [Port(s)]
// Controller1             controller
// MotorSlope              motor          8
```

//robot-config.cpp中自动生成的相关代码：

```
controller Controller1 = controller(primary);
motor MotorSlope = motor(PORT8, ratio36_1, true);
```

程序：

```
void resetSlope(void)
{
    //函数定义具体代码请参考第八章
}

void stopSlope(brakeType brakeMode)
{
    //函数定义具体代码请参考第八章
}

void runSlope(double pos, directionType dir)
{
    //函数定义具体代码请参考第八章
}

int main() {
  // Initializing Robot Configuration. DO NOT REMOVE!
  vexcodeInit();
  while(1){
    if(Controller1.ButtonR1.pressing())
      runSlope(MotorSlope.position(deg), fwd);
    else if(Controller1.ButtonR2.pressing())
      runSlope(MotorSlope.position(deg), reverse);
    else if(MotorSlope.position(deg)>0)
      stopSlope(hold);
    else stopSlope(coast);

    wait(20, msec);
  }
}
```

【例9-4】

用遥控器Y按键和B按键控制手臂运动。在开机时候，将斜坡手动放到最低点并且将控制斜坡运动的马达编码器清零，按住Y按键，向上运动，松开的时候，锁定到当前位置（抬升，对准不同高度的塔台）。按住B按键，向下运动，在未到达最低点的时候释放B按键，锁定到当前位置（ ），如果到达最低点，则释放抬升臂按键（避免过载保护）。

配置：

```
// [Name]                 [Type]         [Port(s)]
// Controller1            controller
// MotorArm               motor          13
```

//robot-config.cpp中自动生成的相关代码：

```
controller Controller1 = controller(primary);
motor MotorArm = motor(PORT13, ratio36_1, false);
```

程序：

```
void resetArm(void)
{
    //函数定义具体代码请参考第八章
}

void stopArm(brakeType brakeMode)
{
    //函数定义具体代码请参考第八章
}

void runArm(double speed)
{
    //函数定义具体代码请参考第八章
}

int main() {
  // Initializing Robot Configuration. DO NOT REMOVE!
  vexcodeInit();
  while(1){
    if(Controller1.ButtonY.pressing()){
      if(MotorArm.position(deg)<400)  runArm(50);
      else  stopArm(hold);
    }
    else if(Controller1.ButtonB.pressing()){
      if(MotorArm.position(deg)>0)  runArm(-50);
      else  stopArm(hold);
    }
    else if(MotorArm.position(deg)<5)
      stopArm(coast);
    else
      stopArm(hold);

    wait(20, msec);
```

```
  }
}
```

【例9-5】整合，将例9-1至例9-4整合到一个完整的遥控程序。

配置：

```
// [Name]              [Type]          [Port(s)]
// Controller1         controller
// MotorLF             motor           10
// MotorLB             motor           4
// MotorRF             motor           14
// MotorRB             motor           1
// MotorIntakeL        motor           12
// MotorIntakeR        motor           17
// MotorSlope          motor           8
// MotorArm            motor           13
```

//robot-config.cpp中自动生成的相关代码：

```
controller Controller1 = controller(primary);
motor MotorLF = motor(PORT10, ratio18_1, false);
motor MotorLB = motor(PORT4, ratio18_1, false);
motor MotorRF = motor(PORT14, ratio18_1, true);
motor MotorRB = motor(PORT1, ratio18_1, true);
motor MotorIntakeL = motor(PORT12, ratio36_1, true);
motor MotorIntakeR = motor(PORT17, ratio36_1, false);
motor MotorSlope = motor(PORT8, ratio36_1, true);
motor MotorArm = motor(PORT13, ratio36_1, false);
```

程序：

```
void runChassis (int leftSpeed, int rightSpeed)  {        //具体代码参考第八章 }
void stopChassis(brakeType brakeMode)  {                  //具体代码参考第八章 }
void rearBrake( )  {                                      //具体代码参考第八章 }
void frontBrake( )  {                                     //具体代码参考第八章 }
void stopIntake(brakeType brakeMode)  {                   //具体代码参考第八章 }
void runIntake(double speed)  {                           //具体代码参考第八章 }
void resetSlope( )  {                                     //具体代码参考第八章 }
void stopSlope(brakeType brakeMode)  {                    //具体代码参考第八章 }
void runSlope(double pos, directionType dir)  {           //具体代码参考第八章 }
void resetArm( )  {                                       //具体代码参考第八章 }
void stopArm(brakeType brakeMode)  {                      //具体代码参考第八章 }
void runArm(double speed)  {                              //具体代码参考第八章 }

int main() {
  // Initializing Robot Configuration. DO NOT REMOVE!
  vexcodeInit();
  while(1){
  ///////////////////////////////////////////////////////////////底盘运动///
```

```
    int A1Value = Controller1.Axis1.position();
    int A2Value = Controller1.Axis2.position();
    if(abs(A1Value)>5 || abs(A2Value)>5){
      int leftSpeed  = A2Value  + A1Value*0.4;
      int rightSpeed = A2Value  - A1Value*0.4;
      runChassis(leftSpeed, rightSpeed);
    }
    else {
      if(MotorLB.direction()==fwd || MotorRB.direction()==fwd)
        frontBrake();
      else  rearBrake();
    }
//////////////////////////////////////////////////////////////////////底盘运动END///

//////////////////////////////////////////////////////////////////////吸吐方块///
    if(Controller1.ButtonL1.pressing()&&Controller1.ButtonL2.pressing())
      runIntake(-40);
    else if(Controller1.ButtonL1.pressing())
      runIntake(100);
    else if(Controller1.ButtonL2.pressing())
      runIntake(-70);
    else
      stopIntake(hold);
//////////////////////////////////////////////////////////////////////吸吐方块END///

//////////////////////////////////////////////////////////////////////推收斜坡///
  if(Controller1.ButtonR1.pressing())
    runSlope(MotorSlope.position(deg), fwd);
  else if(Controller1.ButtonR2.pressing())
    runSlope(MotorSlope.position(deg), reverse);
  else if(MotorSlope.position(deg)>0)
    stopSlope(hold);
  else stopSlope(coast);
//////////////////////////////////////////////////////////////////////推收斜坡END///

//////////////////////////////////////////////////////////////////////抬降手臂///
    if(Controller1.ButtonY.pressing()){
      if(MotorArm.position(deg)<400)  runArm(50);
      else  stopArm(hold);
    }
    else if(Controller1.ButtonB.pressing()){
      if(MotorArm.position(deg)>0)  runArm(-50);
      else  stopArm(hold);
    }
```

```
  else if(MotorArm.position(deg)<5)
    stopArm(coast);
  else
    stopArm(hold);
  /////////////////////////////////////////////////////////////////抬降手臂END///

    wait(20, msec);
  }
}
```

2. 简单的自动程序

自动模式阶段是只由程序进行控制，持续时间的程序一般为15秒或45秒，具体情况具体分析。

以“七塔奇谋”比赛为例，本案例是一台斜坡吸块机器人，它的任务就是在“七塔奇谋”比赛场地中，通过吸取场上的方块，并在比赛结束前，将之放置于己方的比赛的分区来获得比赛得分或放置于塔台，获得相应颜色方块的得分系数增加。首先我们需要通过一个特殊动作，将机器人展开，通常是转动吸盘。然后吸盘转动，朝着方块所在的方向前进，完成吸块动作，根据场地的方块摆放，设置比赛路线，以便获取更多的方块，并在比赛结束前，将方块放置于己方得分区。

机器人完整自动动作我们可以这样分解为以下几步。

a. 转动吸盘，将机器人展开。

b. 机器人直走：从初始位置出发直走。

c. 接近目标方块，开始转动吸盘。

d. 走到距离一(吸到4个方块)停止。

e. 向右转角度一。

f. 左弧线后退距离二，直到撞墙（通过物理方式，将机器人再次对正）。

g. 向左转角度二。

h. 右弧线前进距离三：走到第二组方块前。

i. 开始转动吸盘，走到距离四（吸到4个方块）。

j. 转动角度三，对准得分区。

k. 直行距离五，停止，启动马达，推动斜坡（放置方块到得分区）。

l. 后退距离六，结束任务。

需要注意的是，编写自动程序并不是简单的编码就能完成想要的结果，而是不断在场地进行试验，不断修改参数值，才能够完成理想的动作。

配置：

```
// [Name]          [Type]          [Port(s)]
// Controller1     controller
// MotorLF         motor           10
// MotorLB         motor           4
// MotorRF         motor           14
// MotorRB         motor           1
// MotorIntakeL    motor           12
// MotorIntakeR    motor           17
```

```
// MotorSlope      motor           8
// MotorArm        motor           13
```

//robot-config.cpp 中自动生成的相关代码：

```
controller Controller1 = controller(primary);
motor MotorLF = motor(PORT10, ratio18_1, false);
motor MotorLB = motor(PORT4, ratio18_1, false);
motor MotorRF = motor(PORT14, ratio18_1, true);
motor MotorRB = motor(PORT1, ratio18_1, true);
motor MotorIntakeL = motor(PORT12, ratio36_1, true);
motor MotorIntakeR = motor(PORT17, ratio36_1, false);
motor MotorSlope = motor(PORT8, ratio36_1, true);
motor MotorArm = motor(PORT13, ratio36_1, false);
```

程序：

```
void runChassis (int leftSpeed, int rightSpeed)  {       //具体代码参考第八章 }
void stopChassis(brakeType brakeMode)  {                 //具体代码参考第八章 }
void rearBrake( )  {                                     //具体代码参考第八章 }
void frontBrake( )  {                                    //具体代码参考第八章 }
void stopIntake(brakeType brakeMode)  {                  //具体代码参考第八章 }
void runIntake(double speed)  {                          //具体代码参考第八章 }
void resetSlope( )  {                                    //具体代码参考第八章 }
void stopSlope(brakeType brakeMode)  {                   //具体代码参考第八章 }
void runSlope(double pos, directionType dir)  {          //具体代码参考第八章 }
void resetArm( )  {                                      //具体代码参考第八章 }
void stopArm(brakeType brakeMode)  {                     //具体代码参考第八章 }
void runArm(double speed)  {                             //具体代码参考第八章 }

int main() {
  // Initializing Robot Configuration. DO NOT REMOVE!
  vexcodeInit();

  runIntake(50);
  wait(200, msec);
  stopIntake(coast);
  runChassis(30, 30);
  wait(400, msec);
  runIntake(70);                                         //启动吸盘
  wait(2, sec);                                          //延时，等待吸完4个方块
  stopIntake(coast);
  frontBrake();
  wait(100, msec);
  runChassis(30, -30);                                   //右转
  wait(100, msec);
  runChassis(-40, -25);                                  //后退画左侧弧线
  wait(400, msec);
```

```
  stopChassis(brake);
  runChassis(20, 30);
  wait(200, msec);
  runIntake(70);                                          //启动吸盘
  wait(100, msec);
  runChassis(30, 30);
  wait(2, sec);
  stopIntake(coast);
  frontBrake();
  runChassis(-30, 30);                                    //左转
  wait(200, msec);                                        //延迟小车正对得分区
  runChassis(30, 30);
  wait(2, sec);
  rearBrake();
  while(MotorSlope.position(deg)<1000)
    runSlope(MotorSlope.position(deg), fwd);
  wait(500, msec);
  runChassis(-30, -30);
  wait(500, msec);
  frontBrake();
}
```

第十章

VEX机器人竞赛实践

一、VEX机器人竞赛概述

VEX机器人竞赛共2分钟时长，比赛分为两个阶段：

（1）自动阶段：比赛开始的前15秒时间是自动阶段，由提前编写好的程序控制机器人完成相应的任务；

（2）手动阶段：时长是1分45秒，由操控手遥控机器人，进行对抗、得分。在这个阶段，也可以通过编写程序，利用一个按键来完成一些组合的动作。

场地控制器：用来控制比赛自动和手动程序切换的设备。场地控制器有两个模式：自动和手动。自动模式下，机器人完全由程序控制；竞赛模式（手动模式）下，由操控手操作机器人。

VEXcode内置了竞赛程序模板，用于VEX比赛。程序模板为参赛队伍在参赛过程中提供了一个共同的起点。模板不是一个单一的“int main”任务，按时间顺序，程序被分为3个部分，每个部分与比赛的特定部分相匹配，对应实现函数为以下几点。

（1）void pre_auton( )

用于运行机器人需要在比赛开始之前的“设置”和“初始化”程序，例如编码器的清零，惯性传感器的初始化。

（2）void autonomous( )

自动程序时段，将自动程序内容写在这个模块中，自动时段结束（15秒），场地控制器将直接切断控制程序。

（3）void usercontrol( )

手动时段，将手动遥控程序内容写在这个模块中，手动时段结束（1分45秒），场地控制器将直接切断控制程序。

二、VEX竞赛控制函数

（1）competition.drivercontrol

格式：drivercontrol(void(*callback)(void))

功能：当手动阶段开始时，调用返回一个函数

示例：void usercontrol(void)

（2）competition.autonomous

格式：autonomous(void(*callback)(void))

功能：当自动阶段开始时，调用返回一个函数

示例：void autonomous(void)

（3）competition.isEnabled

格式：isEnabled()

功能：获取在竞赛模式下机器人的状态

示例：competition.isEnabled()

（4）competition.isDriverControl

格式：isDriverControl()

功能：获取手动控制阶段的状态

示例：competition.isDriverControl()

（5）competition.isAutonomous

格式：isAutonomous()

功能：获取自动控制阶段的状态

示例：competition.isEnabled()

（6）competition.isCompetitionSwitch

格式：isCompetitionSwitch()

功能：获取插入机器人的竞赛控制开关状态

示例：competition.isCompetitionSwitch()

（7）competition.isFieldControl

格式：isFieldControl()

功能：获取插入机器人的场控开关状态：

示例：competition.isFieldControl()

三、竞赛模版的生成及解读

在第九章中，我们学习了手动和自动程序的编写，但这种自建的程序运行时不能满足VEX比赛控制要求，无法实现自动15秒，手动1分45秒的定时要求，无法和场地控制器通信、受控，因此前面编写的程序是不能带到赛场运行的。为了简单和公平性，VEXCode为参赛编程人员提供了完整的比赛程序模板。该程序模板配合官方提供的场地控制器，可实现比赛进程控制，如比赛的开始、暂停、自动、手动、结束等各阶段控制。比赛程序模板创建方法和创建新工程类似，下面我们介绍其具体操作方法。

1. 竞赛模板生成

（1）创建竞赛模板。

单击VEXcode V5 TXT的菜单栏“File”选项，继续单击该选项下的“Open Example…”，打开模板“Example”选项卡，如图10-1所示，向下拖动右侧滑块，找到并单击“Competition Template”选项，继续单击“Next”弹出模板工程“Example Project”窗口，输入要创建的工程的名字，单击“creat”完成创建。

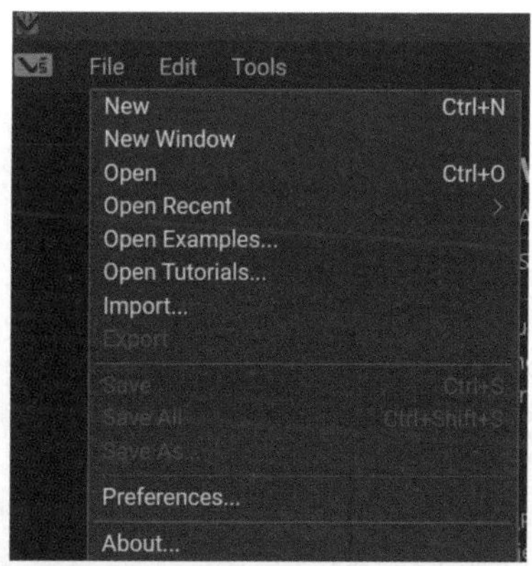

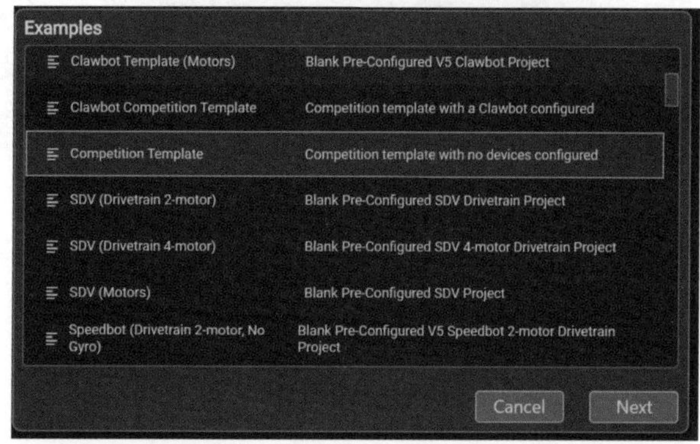

图10-1 竞赛模板的创建

（2）了解模板的3个部分。

如图10-2所示，比赛模板有3个部分，分别对应于比赛的3个阶段：机器人设置，自动控制和手动控制。在竞赛过程中需要保留此代码，并在部分中添加代码。

```
//
// Main will set up the competition functions and callbacks.
//
int main() {
  // Set up callbacks for autonomous and driver control periods.
  Competition.autonomous(autonomous);
  Competition.drivercontrol(usercontrol);

  // Run the pre-autonomous function.
  pre_auton();

  // Prevent main from exiting with an infinite loop.
  while (true) {
    wait(100, msec);
  }
}
```

图10-2 模板的3个部分

（3）将设置写入预先程序，如图10-3所示。

```
/*----------------------------------------------------------------------------*/
/*                          Pre-Autonomous Functions                          */
/*                                                                            */
/*  You may want to perform some actions before the competition starts.       */
/*  Do them in the following function.  You must return from this function    */
/*  or the autonomous and usercontrol tasks will not be started.  This        */
/*  function is only called once after the V5 has been powered on and         */
/*  not every time that the robot is disabled.                                */
/*----------------------------------------------------------------------------*/

void pre_auton(void) {
  // Initializing Robot Configuration. DO NOT REMOVE!
  vexcodeInit();

  // All activities that occur before the competition starts
  // Example: clearing encoders, setting servo positions, ...
}
```

图10-3　写入预先程序

比赛开始之前，用户可将机器人的任何初始化设置程序添加到pre_auton函数中，例如：陀螺仪、惯性传感器校准；电机编码器置零复位、输出功率配置；传感器复位等程序。更具体的，如第九章中resetSlope()、resetArm()就可放在其中调用。

注意：此代码将在程序启动时立即运行，在匹配的自动控制程序开始之前

如果用户没有任何设置的程序步骤，可以将此部分留空。

（4）添加自动程序，如图10-4所示。

```
/*---------------------------------------------------------------------------*/
/*                                                                           */
/*                              Autonomous Task                              */
/*                                                                           */
/*  This task is used to control your robot during the autonomous phase of   */
/*  a VEX Competition.                                                       */
/*                                                                           */
/*  You must modify the code to add your own robot specific commands here.   */
/*---------------------------------------------------------------------------*/

void autonomous(void) {
  // ..........................................................................
  // Insert autonomous user code here.
  // ..........................................................................
}
```

图10-4　添加自动程序

将自动控制的代码放入autonomous函数中。第九章中编写的自动程序，即vexcodeInit()后面的程序，放入autonomous函数中，这样主控器配合场控会从比赛开始自动计时，15秒后强制停止自动程序。

（5）添加手动程序，如图10-5所示。

```
/*---------------------------------------------------------------------------*/
/*                                                                           */
/*                              User Control Task                            */
/*                                                                           */
/*  This task is used to control your robot during the user control phase of */
/*  a VEX Competition.                                                       */
/*                                                                           */
/*  You must modify the code to add your own robot specific commands here.   */
/*---------------------------------------------------------------------------*/

void usercontrol(void) {
  // User control code here, inside the loop
  while (1) {
    // This is the main execution loop for the user control program.
    // Each time through the loop your program should update motor + servo
    // values based on feedback from the joysticks.

    // ........................................................................
    // Insert user code here. This is where you use the joystick values to
    // update your motors, etc.
    // ........................................................................

    wait(20, msec); // Sleep the task for a short amount of time to
                    // prevent wasted resources.
  }
}
```

图10-5 添加手动程序

将驱动程序控制代码放入usercontrol函数、while(1)循环内部和wait(20, msec)函数之前。再将第九章中例9-5整合的手动控制程序放入其中，即可完成手动程序的编写。需要注意的是程序模板的主函数int main()不需要修改。

2. 程序和代码测试

（1）配置

图形模式通过前面章节的学习，我们知道通过图形配置窗口“”可以非常容易地完成相关设备的添加和配置，这里我们称之为图形配置法。本章节可以完全参照第九章中整合的手动程序或自动程序部分完成机器人的配置，自动生成设备配置代码。

这些代码分布在模板的3个文件中：main.cpp中的Robot Configuration设备配置提示代码，如图10-6所示；robot-config.h中的VEXcode devices设备声明，如图10-7所示；robot-config.cpp中的device constructors设备定义，如图10-8所示。

```
// ---- START VEXCODE CONFIGURED DEVICES ----
// Robot Configuration:
// [Name]               [Type]        [Port(s)]
// MotorLF              motor         10
// MotorLB              motor         4
// MotorRF              motor         14
// MotorRB              motor         1
// Controller1          controller
// MotorIntakeL         motor         12
// MotorIntakeR         motor         17
// MotorSlope           motor         8
// MotorArm             motor         13
// ---- END VEXCODE CONFIGURED DEVICES ----
```

图10-6 Robot Configuration设备配置提示代码

```
// VEXcode devices
extern motor MotorLF;
extern motor MotorLB;
extern motor MotorRF;
extern motor MotorRB;
extern controller Controller1;
extern motor MotorIntakeL;
extern motor MotorIntakeR;
extern motor MotorSlope;
extern motor MotorArm;
```

图10-7　VEXcode devices设备声明

```
// VEXcode device constructors
motor MotorLF = motor(PORT10, ratio18_1, false);
motor MotorLB = motor(PORT4, ratio18_1, false);
motor MotorRF = motor(PORT14, ratio18_1, true);
motor MotorRB = motor(PORT1, ratio18_1, true);
controller Controller1 = controller(primary);
motor MotorIntakeL = motor(PORT12, ratio36_1, true);
motor MotorIntakeR = motor(PORT17, ratio36_1, false);
motor MotorSlope = motor(PORT8, ratio36_1, true);
motor MotorArm = motor(PORT13, ratio36_1, false);
```

图10-8　device constructors设备定义

专家模式通过图形配置法，我们可以看出最后还是要编写程序代码，只是VEXcode通过图形界面自动编写代替我们手动编写。既然如此，那我们可以直接手动编写配置代码吗？答案是肯定的，但在这之前要设置VEXcode编程环境，因为新创建的比赛程序模板默认使用图形界面配置，robot-config.h和robot-config.cpp被上锁，是只读属性，无法编辑，如图10-9所示。这两个文件开头有高亮的提示文字：Automatically Generated Code - Enable "Expert Robot Configuration" to manually edit。说明这个文件的代码是自动生成的，若想手动编辑需要打开"专家配置模式"。

```
robot-config.h
Automatically Generated Code - Enable "Expert Robot Configuration" to manually edit
using namespace vex;

extern brain Brain;

// VEXcode devices
```

```
robot-config.cpp
Automatically Generated Code - Enable "Expert Robot Configuration" to manually edit
#include "vex.h"

using namespace vex;
using signature = vision::signature;
using code = vision::code;

// A global instance of brain used for printing to the V5 Brain screen
brain Brain;

// VEXcode device constructors
```

图10-9　robot-config.h和robot-config.cpp被上锁，无法编辑

开启专家配置模式的操作如下：点击VEXcode菜单栏和工具栏正中间的工程名称，如图10-10所示的“forexample10.1”，之后会弹出工程描述窗口，使能专家配置模式“Enable Expert Robot Configuration”前面的方框默认是灰色的，即图形配置模式，如图10-11所示。点击方框后弹出警告窗口，如图10-12所示，提示如果使能专家配置模式，图形配置窗口配置的设备都将删除，但之前自动生成的代码会保留。点击“Yes”后即开启专家配置模式，同时robot-config.h和robot-config.cpp文件上的上锁标记和高亮提示会消失，文件可以编辑，输入代码。

需要特别注意的是，如果使能专家配置模式后，再切换到图形模式，完成配置后，main.cpp配置提示代码和robot-config两个文件会被覆盖重写，而不是添加，所以建议先尽可能使用图形法添加设备并配置，如果有需要再启用专家模式，之后不要再切换为图形模式。

图10-10 点击工程名称“forexample10.1

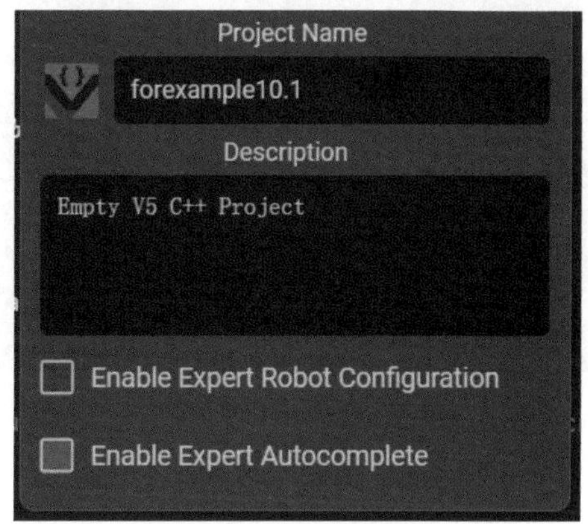

图10-11 工程描述窗口

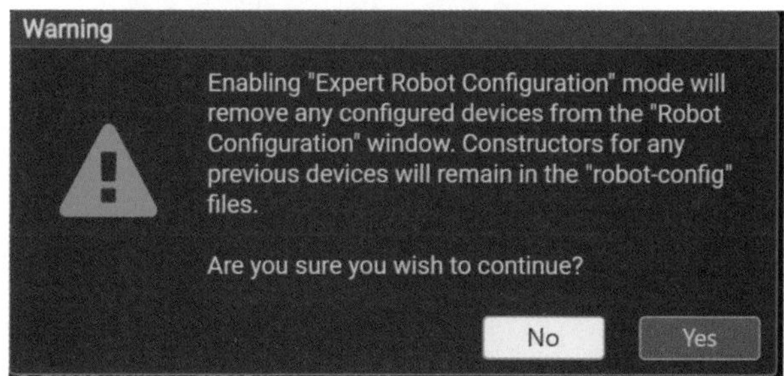

图10-12 警告窗口

（2）自定义函数

自定义函数的声明或定义可放在代码competition Competition和void pre_auton(void)之间。本文中定义的函数，如runChassis、stopChassis、rearBrake、frontBrake、stopIntake、runIntake、resetSlope、stopSlope、runSlope、resetArm、stopArm、runArm等，可参考本书第八章和第九章编写，代码相对位置如图10-13所示。

```
#include "vex.h"

using namespace vex;

// A global instance of competition
competition Competition;

void runChassis (int leftSpeed, int rightSpeed)
{
  //将底盘的四个轮子输出力矩设为最大
  MotorLF.setMaxTorque(100, pct);
  MotorLB.setMaxTorque(100, pct);
  MotorRF.setMaxTorque(100, pct);
  MotorRB.setMaxTorque(100, pct);
```

……

```
void runArm(double speed)
{
  MotorArm.spin(fwd, speed, pct);
}

// define your global instances of motors and other devices here

/*---------------------------------------------------------------------------*/
/*                          Pre-Autonomous Functions                         */
/*                                                                           */
/*  You may want to perform some actions before the competition starts.      */
/*  Do them in the following function.  You must return from this function   */
/*  or the autonomous and usercontrol tasks will not be started.  This       */
/*  function is only called once after the V5 has been powered on and        */
/*  not every time that the robot is disabled.                               */
/*---------------------------------------------------------------------------*/

void pre_auton(void) {
```

图10-13　代码相应位置

（3）Pre-Autonomous初始化

```
void pre_auton(void) {
  // Initializing Robot Configuration. DO NOT REMOVE!
  vexcodeInit();

  // All activities that occur before the competition starts
  // Example: clearing encoders, setting servo positions, ...
}
```

将初始化代码放在Pre-Autonomous函数内部，即可以在竞赛开始之前执行代码来配置用户的机器人，如图10-14所示。

```
void pre_auton(void) {
  // Initializing Robot Configuration. DO NOT REMOVE!
  vexcodeInit();

  resetSlope(); //初始化斜坡电机设置
  resetArm();   //初始化手臂电机设置
  // All activities that occur before the competition starts
  // Example: clearing encoders, setting servo positions, ...
}
```

图10-14　将初始化代码放在Pre-Autonomous函数内部

（4）Autonomous 自动控制程序

```
void autonomous( void )
{
  // ..........................................................................
  // Insert autonomous user code here.
  // ..........................................................................
}
```

将你的自动代码放在此功能内，在自动期间，机器人在“自动设置（时间）”设置指定的时间长度内自动执行动作。在此期间机器人不能接收发射机的命令，仍然要求发射机的信号作为安全预防措施。

通过关闭射频发射器，你不能在竞赛中跳过自动模式。如果在自动模式期间关闭RF发射器，则VEX的内部定时器将暂停，可能导致你的机器人比以前更迟进入手动模式，如图10-15所示。

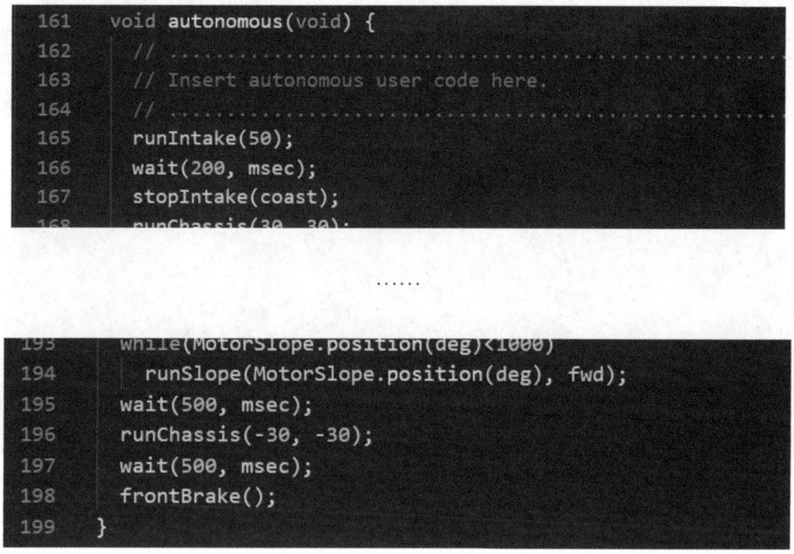

```
void autonomous(void) {
  // ..........................................................
  // Insert autonomous user code here.
  // ..........................................................
  runIntake(50);
  wait(200, msec);
  stopIntake(coast);
  runChassis(30, 30);
```

……

```
  while(MotorSlope.position(deg)<1000)
    runSlope(MotorSlope.position(deg), fwd);
  wait(500, msec);
  runChassis(-30, -30);
  wait(500, msec);
  frontBrake();
}
```

图10-15 代码示意图

（5）User Control 手动控制程序

```
void usercontrol( void )
{
  // User control code here, inside the loop
  while (1)
  {
    // This is the main execution loop for the user control program.
    // Each time through the loop your program should update motor + servo
    // values based on feedback from the joysticks.
    // ........................................................................
    // Insert user code here. This is where you use the joystick values to
    // update your motors, etc.
    // ........................................................................

wait(20, msec); // Sleep the task for a short amount of time to
```

```
            // prevent wasted resources
  }
}
```

将手动代码放在此函数内。只是在那里进行测试，一旦你把自己的代码放在while（1）循环中就可以删除，如图10-16所示。

```
void usercontrol(void) {
  // User control code here, inside the loop
  while (1) {
    // This is the main execution loop for the user control program.
    // Each time through the loop your program should update motor + servo
    // values based on feedback from the joysticks.

    // ........................................................................
    // Insert user code here. This is where you use the joystick values to
    // update your motors, etc.
    // ........................................................................
  ///////////////////////////////////////////////////////////////////////////底盘运动///
  int A1Value = Controller1.Axis1.position();
  int A2Value = Controller1.Axis2.position();
  if(abs(A1Value)>5 || abs(A2Value)>5){
```

……

```
  else if(MotorArm.position(deg)<5)
    stopArm(coast);
  else
    stopArm(hold);
  ///////////////////////////////////////////////////////////////////////////抬降手臂END///

    wait(20, msec); // Sleep the task for a short amount of time to
                    // prevent wasted resources.
  }
}
```

图10-16 代码示意图

（6）Main Function主函数

```
int main() {
  // Set up callbacks for autonomous and driver control periods.
  Competition.autonomous(autonomous);
  Competition.drivercontrol(usercontrol);

  // Run the pre-autonomous function.
  pre_auton();

  // Prevent main from exiting with an infinite loop.
  while (true) {
    wait(100, msec);
  }
}
```

主函数中除了注释，不要删减任何代码，自己的调试显示代码可以放入其中。

四、简易场地控制器

官方提供的完整场地控制器系统安装和使用比较复杂。为了方便、简单地实现启动、停止、自动、手动等基本比赛模式的切换，VEX还提供了简易版的场地控制器。

简易场地控制器是一个简单的“手动”开关，使团队能够模拟竞争的阶段。有两个手动双位开关，如图10–17所示。

（1）第一个开关在DISABLED和ENABLE两个操作状态之间切换。

（2）第二个开关控制机器人是否处于AUTONOMOUS（自动）或USER CONTROL（手动）模式。

场地控制器线一端与场地控制器相连，一端与遥控器COMPETITION相连。

图10–17 场地控制器

附　录

2019—2020

竞赛手册

A1

序言

一、引言

本节介绍VEX机器人竞赛和本届的“七塔奇谋”竞赛。

二、VEX机器人竞赛

我们的世界面临着一系列的问题。如果没有未雨绸缪，我们的年轻人在面对这些问题时将会手足无措，最终导致世界的发展停滞不前。随着科学技术越来越复杂，我们每天面临的挑战也会越来越大。智能手机比固定电话出现故障的原因要多很多。装有智能系统的汽车比机械式的汽车更难弄明白。对无人驾驶的规则立法，不是仅规定最高限速那么简单。

“STEM问题”理解容易，解决很难。很多时候，传统上对于科学、技术、工程和数学 (STEM) 的教学方式不足以让学生有能力面对这个复杂的世界。但是，当学生到了能够掌握这些至关重要的学科的年纪的时候，他们却已经认定这些学科是无趣和乏味的。如果不能通过一种有技巧和有激情的教育方式来解决这些问题，教育事业将会很难取得长足的进步，甚至无法维持现状。

VEX机器人竞赛的存在就是为了解决上述问题。它将团队协作、问题解决、科学发现等方面以特有的方式相结合，VEX竞赛机器人的学习涵盖了STEM的各个学科。你不是为了将来要组装机械结构去学习VEX EDR 机器人，而是因为你在学习过程中，由于用到和全世界的科学家、医生、发明家们相同的科学技术和思维方式而感到兴奋不已。我们开发VEX EDR挑战赛“七塔奇谋”不仅是为了娱乐，它作为一个载体，让参与者学习和锻炼如何进行团队协作，如何充满信心地面对困难和挑战，并运用学到的知识去解决它们。

本手册包含了构成EDR“七塔奇谋”的规则和条款。这些规则是模拟真实世界的项目设计的。规则的制定是为了最大限度地激发创新，同时在鼓励竞争的前提下保证竞赛的公平。

请记住VEX机器人竞赛的意义并不完全在于竞赛本身，而是给学生们提供一个学习的平台，使其能够掌握一生中所需的解决问题的本领，最终成为未来的领导者。

祝好运！我们赛场见！

VEX机器人竞赛设计委员会，成员：RECF，Robomatter, DWAB Technologies 和VEX 机器人。

三、“七塔奇谋”：入门

“七塔奇谋”竞赛在如图A1-1所示的1.2m x 1.2m的正方形场地上进行。两支联队（红队和蓝队）各由两支赛队组成，在包含前15秒自动赛时段和后1分45秒手动控制时段的赛局中竞争。

比赛目标是通过将方块放置在塔台内和使方块在得分区得分以获得比对方联队更高的得分。

更多关于竞赛规则的细节，请看A2（赛局）。

图A1-1 “七塔奇谋”竞赛场地图

A2

赛局

一、引言

本节说明了2019–2020赛季的VEX EDR 挑战赛“七塔奇谋”，还说明了赛局的定义和规则。

二、赛局说明

赛局在如图A2-1至图A2-3所示的场地上进行。两支联队（红队和蓝队）各由两支赛队组成，在赛局中竞争。赛局的目标是通过使方块得分取得比对方联队更高的分数，每种颜色方块的分值由放置在塔台内的该颜色方块的数量决定。

在自动赛时段得分最高的联队将获得奖励分和赛局导入物。

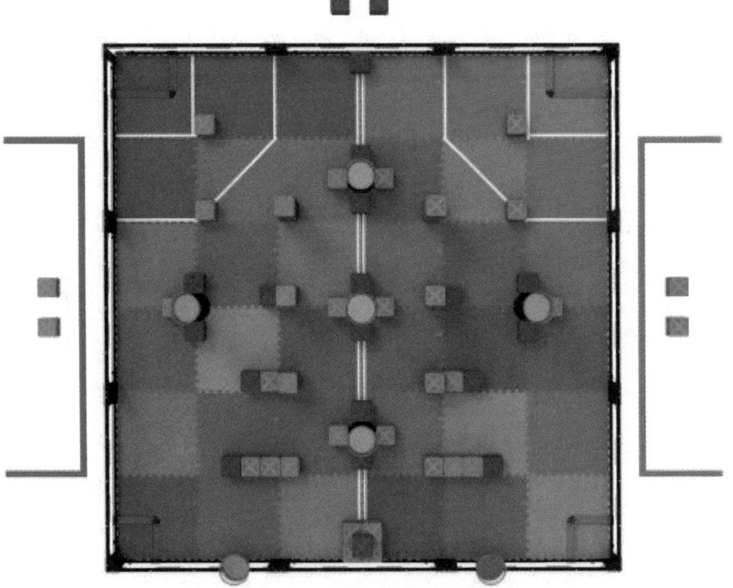

图A2-1 场地初始布局俯视图

VEX EDR 挑战赛“七塔奇谋”的场地包含如下要素。

（1）66个方块。

（2）22个橙色方块，包括用于红方联队的2个预装。

（3）22个绿色方块，包括用于蓝方联队的2个预装。

（4）22个紫色方块，包括2个作为自动时段奖励分的部分。

（5）4个得分区，每支联队2个，用于方块得分。

（6）7个不同高度的塔台，用于放置方块。

（7）2个联队塔台，每支联队1个，只能被本方联队使用。

（8）5个中立塔台，双方联队均可使用。

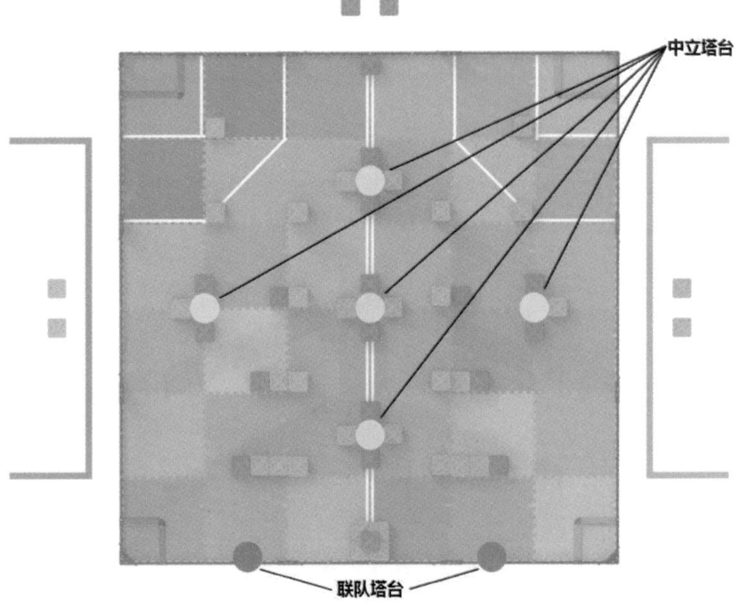

图A2-2 塔台俯视图

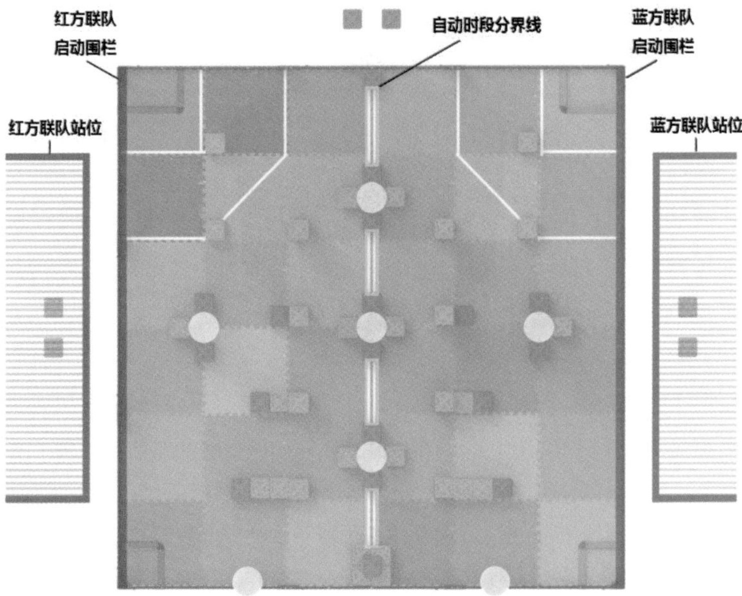

图A2-3 启动位置，联队站位和自动时段分界线俯视图

三、赛局定义

联队：预先指定的两支赛队组成的团队，在一局比赛中配对。

联队站位：在一局比赛中，供上场队员站立的指定区域。

自动时段奖励分：给予自动赛时段得分最多联队的奖励分。赛局结束时该联队额外获得6分自动时段奖励分，以及可在手动控制时段的任意时间导入的2个赛局导入物。

注：如果自动赛时段以平局结束，双方联队各得3分自动时段奖励分和1个导入得分物。

自动时段分界线：穿过场地中间的两条平行的白色胶带线 。根据<SG2>，在自动赛时段，机器人不允许接触自动时段分界线对方联队侧的场地泡沫垫。

自动赛时段：这是一局比赛开始时的15s时段，此时机器人的运行和反应只能受传感器输入和学生预先写入机器人主控器的命令的影响。

边界条：宽50.8mm，高25.4mm的楔形塑料挤出物，构成得分区和所有支撑物的边界，如图A2-4所示。

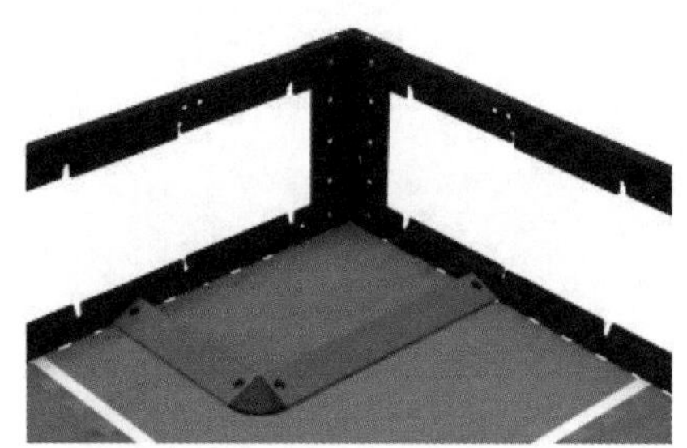

图A2-4　得分区及其边界条特写

方块：中空的塑料立方形物体，总宽度139.7mm，可以被放入塔台或在得分区里得分，如图A2-5所示。

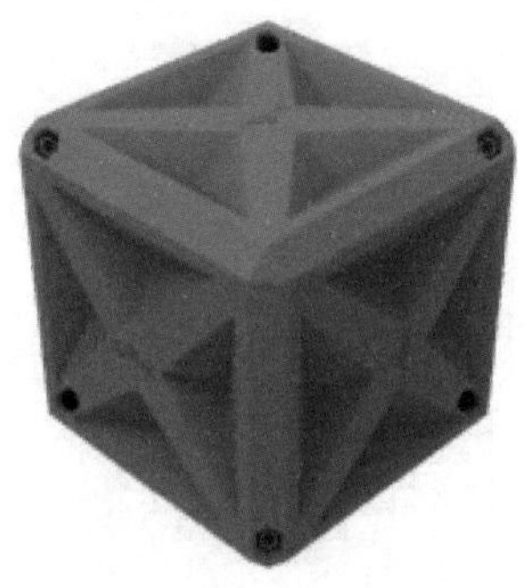

图A2-5　方块

罚停：对违反规则的赛队给予的处罚。被罚停赛队在赛局剩余时间不得操作其机器人，上场队员必须将遥控器放在地上。

取消资格（DQ）：对违反规则的赛队在赛局结束后给予的处罚。在资格赛中被取消资格的赛队，获胜分（WP）、自动环节排名分（AP）、对阵强度分（SP）均为零。在淘汰赛中，某赛队被取消资格，则整个联队也被取消资格，并输掉该赛局。经主裁判的判定，屡次犯规和被取消资格的赛队可能被取消整个赛事的资格。

上场队员：赛局中，每支赛队最多3人可以进入联队站位。赛局中的任何时刻，只有上场队员可以接触遥控器上的操控钮或按<G5>与机器人互动。成人不得成为上场队员。根据<G5>，同一学生只能担任一支赛队的上场队员。

手动控制时段：这是一个105s的时段。在此时段内，上场队员手动控制机器人的运行。

纠缠：机器人的一种状态。如果一台机器人抓住、钩住或附着于场地要素或对方的机器人，就会被认为纠缠。

场地要素：泡沫垫、围栏、白色胶带、塔台，边界条，以及所有支撑结构或附件（如场控支撑架，计时屏等）。

得分区：4个由边界条和场地围栏的内侧边缘组成的场地泡沫垫区域之一，机器人可在此区域通过方块得分。边界条和场地围栏不视为得分区，如图A2–6所示。

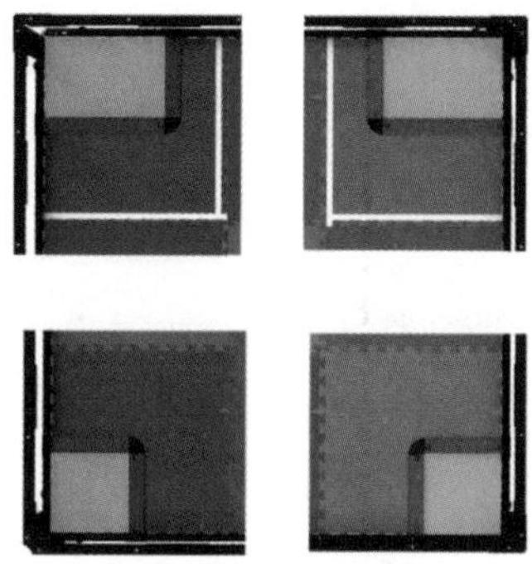

图A2–6 4个得分区特写

赛局：赛局包括自动赛时段和手控时段，总时间是2min（120s）。

赛局导入物：2个紫色方块之一，根据<SG4>，可由获得自动时段奖励分的联队，在手动控制时段的任意时间导入场地。

影响赛局的因素：由主裁判决定的一种违规情况。导致赛局胜负方发生改变的违规即为影响赛局的因素。单个赛局内的多次违规的积累可成为影响赛局的因素。

放置：方块的一种状态。赛局结束时，只要方块的任意部分超出（低于）指定塔台的放置区定义的平面，则此方块视为放置，如图A2–7至图A2–9所示。

注：每个塔台里只能放置1个方块。如果一个塔台里有多个方块满足放置的定义，则均不视为放置。

图A2–7 放置的方块

图A2–8 一个放置的方块和一个未放置的方块

图A2–9 未放置的方块

放置区：特定塔台的毛面底边构成的盘状水平面。此毛面从塔台的顶边延伸44.5 ~ 57.1mm，如图A2-10所示。

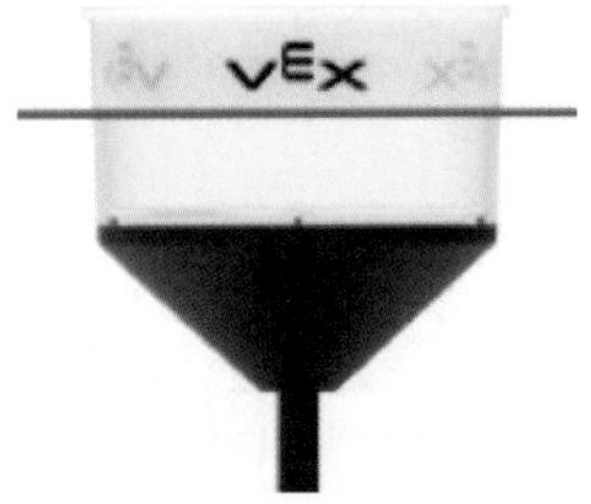

图A2-10 塔台及放置区特写

预装：赛局开始前，每台机器人1个方块，必须按<SG1>的要求放入赛场。

注：红方联队使用橙色方块作为其预装。蓝方联队使用绿色方块作为其预装。

保护区：由外部保护区和内部保护区组成的场地区域，此区域内对方机器人的活动受到限制，详见<SG3>。

- **外部保护区：**由场地围栏，保护区胶带线的外边，以及内部保护区胶带线的内边，构成的从泡沫垫向上延伸的三维空间。
- **内部保护区：**由场地围栏和最接近各自联队得分区的白色胶带线内边，构成的从泡沫垫向上延伸的三维空间，如图A2-11所示。

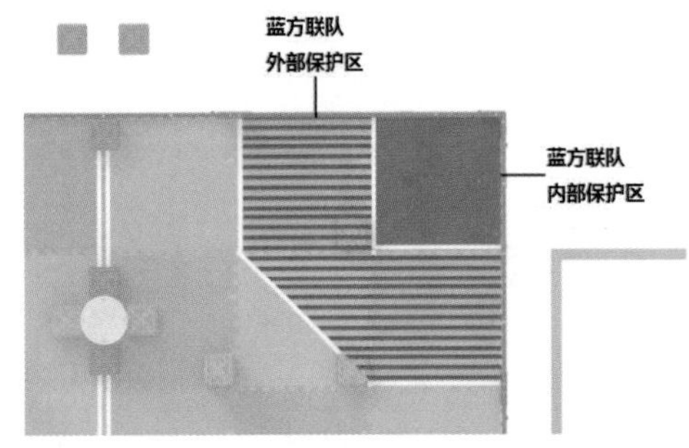

图A2-11 场地一角，保护区特写

机器人：赛局开始前，赛队放在场上的已通过验机且符合所有机器人规则的任何物体。

得分：方块的一种状态。赛局结束时，如果在得分区的某个方块不接触与该得分区颜色相同联队的机器人，且符合基础方块或堆叠方块的规定，则视为在得分区内得分。

- **基础方块：**方块的一种状态，如图A2-12所示。赛局结束时，符合下列规定的方块视为基础方块。

（1）接触得分区内的灰色泡沫垫。

（2）与灰色泡沫垫平齐。

> 此规定旨在保证基础方块是“平躺于场地上”，而不是“斜立”于边界条、场地围栏或另一个方块旁。如果某个停在一小块碎片上（如一节扎带），但为“平躺”的状态，则仍视为基础方块。同样，只要某个方块仍保持“平躺于场地上”，接触边界条或场地围栏是可以的。

图A2-12　一个基础方块（绿钩）及一个非基础方块（红叉，因为它不与灰色泡沫垫平齐）

● **堆叠方块**：方块的一种状态如图A2-13至图A2-15所示。赛局结束时，符合下列规定的方块视为堆叠方块。

（1）接触基础方块或堆叠方块的顶面。

（2）不接触场地围栏的顶部。

（3）不接触任何未得分方块的顶面。

图A2-13　得分区内得分方块（绿钩）和不得分方块（红叉）的示例
（方块不得分是因其与该得分区颜色相同联队的机器人接触）

图A2-14　得分区内得分方块（绿勾）和不得分方块（红叉）的示例
（方块不得分是因其与不得分方块的顶面接触）

图A2-15　得分区内得分方块（绿钩）和不得分方块（红叉）的示例
（方块不得分是因其与不得分方块的顶面接触）

学生： 同时符合下列要求的人视为学生：（1）任何在VEX世锦赛6个月前已经或正在取得高中或同等学位证书的人。（2）任何晚于2000年5月1日出生的人（如在2020年VEX世锦赛时满19岁或更小的人）。因残疾延误就学至少一年的人，也符合资格。

初中生： 任何晚于2004年5月1日出生的人（如在2020年VEX世锦赛时满15岁或更小的人）。初中生可以高中生身份“越级”参赛。

高中生： 任何具有本定义里学生资格，但不符合初中生身份的人。

赛队： 由一个或多个学生组成的团队。如果一个赛队的所有成员都是初中生，此赛队被视为初中队。如果任一成员是高中生，或者赛队由初中生组成但注册为高中队并以高中生身份“越级”参赛，此赛队被视为高中队。一旦宣告以高中队参赛，该赛队不可在本赛季剩余时间内再改为初中队。一支赛队可来自于学校、社区、青少年组织或互为邻居的学生。

顶面： 方块上离灰色泡沫垫最远（且大致平行）的一侧。此方块该侧的内凹部分视为顶面的一部分，倒角边缘不是，如图A2-16所示。

图A2-16　方块顶面特写图

塔台： 场地上用于放置方块的7个圆柱形结构之一。塔台有3种高度：从场地泡沫垫至塔台顶部分别为470.8mm，626.5mm和963.0mm。

- **中立塔台：** 5个黑色底座的塔台之一，双方联队的机器人均可使用。
- **联队塔台：** 红色和蓝色底座的塔台各1个，如图A2-17所示。有关联队塔台的使用限制，请见<SG3>。

图A2-17　联队塔台特写图

围困： 机器人的一种状态。如果一台机器人将对方机器人限制在场上的狭小区域（不大于一块泡沫地板的尺寸），没有出逃的路径，就视为围困。围困可以是直接的（例如，将对方蓄意阻拦在场地围栏）或间接的（例如，阻止机器人从场地的角落逃走）。

四、记分

赛局结束时，联队根据其得分区每个得分的方块计算分数，如表A2-1所示。每个方块的分值，由放置的同色方块的数量决定，如图A2-18所示。

表A2-1　得分示意表

同一塔台内放置的同色方块的数量	该颜色方块的分值
0	1
1	2
2	3
3	4
4	5
5	6
6	7
7	8

示例：

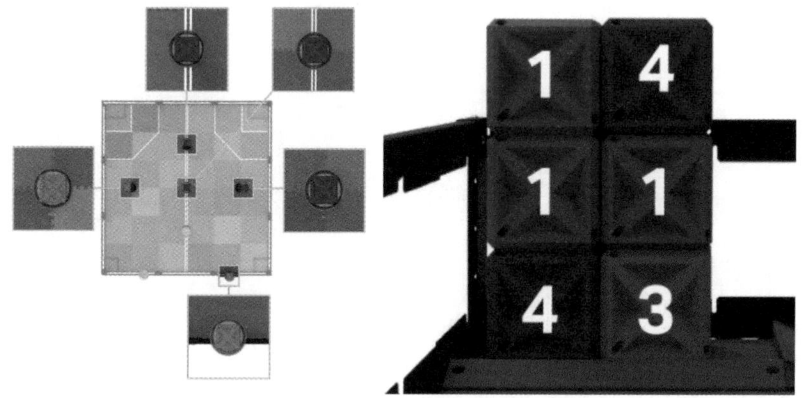

图A2-18　赛局中的记分图

此赛局中，3个紫色方块被放置在塔台内，所以每个紫色方块记4分。2个橙色方块被放置，所以每个橙色方块记3分。没有绿色方块被放置，所以每个绿色方块记1分。

五、安全规则

<S1>**安全第一**。任何时候，如果机器人的运行或赛队的行为有悖于安全或对任何场地要素或移动道具造成损坏，主裁判可判处违规赛队罚停甚至取消资格。该机器人再次进入场地前必须重新验机。

<S2>**留在场地内**。如果一个机器人完全越出场地边界（处于场地之外），该机器人將在赛局剩余时间内被罚停。

注：此规则无意处罚在正常赛局中机械结构碰巧越过场地围栏的机器人。

六、通用赛局规则

<G1>**尊重每个人**。在VEX机器人竞赛中，各赛队都应具备可敬和专业的言行。如果一支赛队或其成员（包括学生或与该队相关的任何成人）对竞赛工作人员、志愿者或其他参赛者不尊重或不文明，就可能根据其严重程度，被取消该局或后续赛局的资格。赛队与<G1>相关的行为也可能影响赛队参与评

审奖项的资格。反复或极度违反<G1>，根据严重程度，可导致赛队被取消整个赛事的资格。

机器人竞赛常会出现紧张激烈的情形。这是积累如何以积极和有效的方式处理类似情形的经验的好机会。应谨记，应对逆境的表现，决定他人如何看待我们。无论是在VEX机器人竞赛还是日常生活当中，在处理困难局面时，以成熟和优雅的方式呈现自己非常重要。

此条规则与REC基金会的行为准则并存。违反行为准则可被视为违反<G1>而导致取消该赛局、后续赛局或整个赛事的资格，在极端情况下，甚至会取消整个赛季的资格。行为准则可访问相关网站上的介绍。

<G2>VEX EDR挑战赛是以学生为中心的项目。紧急情况下，成人可以协助学生，但是，成人不应在赛队无学生在场或学生积极参与时搭建机器人或编程。学生应当准备好向评审或者赛事工作人员阐述他们对机器人搭建和编程的充分理解。

> 一定程度的成人指导、教学或引导是VEX 机器人竞赛所期待和鼓励的。没有人天生就是机器人专家！然而，困难应该永远被视为教学机会，而不是为了让成人在无学生在场或学生积极参与的情况下解决任务。
>
> 当机械结构掉落时，成人可以帮助学生调查原因，这样它才能被改进，成人不可以重新组装机器人。
>
> 当赛队遇到复杂的编程概念时，成人可以用流程图指导学生理解其逻辑，成人不可以预先写好指令供学生复制粘贴。
>
> 当比赛进行时，成人可以作为观众给予愉快积极的鼓励，成人不可作为观众喊出口令。

违反此规则可被视为违反<G1>或REC基金会的行为准则。

<G3>适用基本常识。阅读和使用本手册里各种规则时，请记住，在VEX机器人竞赛里，基本常识永远适用。

<G4>机器人赛局启动尺寸限制。赛局开始时，每台机器人不得超出457.2mm长、457.2mm宽、457.2mm高的立体空间。使用场地要素，如场地围栏来保持启动尺寸，只在机器人满足<R4>的约束，且在无场地要素也能通过验机时才可接受。赛局开始前，主裁判可判定将超过尺寸限制的机器人移出场地。

<G5>保持机器人的完整。赛局过程中，机器人不得蓄意分离出零件或把机构留置在场上。

对于以上规则的轻微违反，如果不影响赛局，会被给予警告。影响赛局的违规，将会被取消资格。对收到多次警告的赛队，主裁判可判定取消资格。多次故意犯规可能导致取消该队整个赛事的资格。

<G6>操作自己的机器人。每个赛队最多可以有3名上场队员。上场队员在该赛季不得代表一支以上赛队。

当赛队选拔进入一场锦标赛（如世锦赛等），参加此锦标赛的队员应为获得该名额的赛队队员。可以添加学生支持赛队，但不得作为该赛队的上场队员或程序员。

如赛队的一名上场队员或程序员不能参赛，则允许例外。赛队可以用另一名学生替代该上场队员或程序员，即使该学生曾代表另一支赛队参赛。该学生加入这支新赛队后，不能再回到原赛队。

REC基金会将审查上述规则，违规赛队该赛事或本赛季剩余赛事会被取消资格，同时已经获得的所有奖杯或奖项均被取消。

<G7>只有操作手且只能在其联队站位。赛局中，上场队员必须始终在自己的联队站位。上场队员在赛局期间不得使用任何通信设备。关闭通信功能的设备（如处于飞行模式的手机）允许携带。

注1：根据<T2>，赛局中，只有赛队的上场队员允许在联队站位。

注2：赛局中，根据<R16>和<G9>，机器人只能由上场队员操控或由机器人主控器中的软件控制运行。

违反或拒绝遵守此规则会视为违反<G1>。

<G8>遥控器须与场控保持连接。每局比赛开始前，上场队员须将己方的VEXnet或V5遥控器的竞赛端口与VEXnet场控的5类电缆进行连接。该电缆在赛局中须始终保持连接，直到上场队员得到明确指令取回己方机器人。

注：此规定旨在确保机器人遵守赛事软件发出的指令。在赛事相关工作人员的在场协助下，因检查赛局中的故障而临时拔掉电缆，不会被视为违规。

对于以上规则的轻微违反，如果不影响赛局，会被给予警告。影响赛局的违规，将会被取消资格。对收到多次警告的赛队，主裁判可判定取消资格。

<G9>不接触场地。上场队员只能在赛局指定时段内，按照<G9>接触遥控器上的操控钮和机器人。赛局中，上场队员不得蓄意接触任何方块、场地要素或机器人，<G9>描述的接触除外。

（a）在手动控制时段，只有机器人完全未动过，上场队员才可以接触其机器人。允许的接触仅限于以下情况。

a. 开或关机器人。

b. 插上电池或电源扩展器。

c. 插上VEXnet或V5天线。

d. 触碰V5主控器的屏幕，如启动程序。

（2）赛局中，上场队员不得越过场地围栏边界构成的立面，<G9>描述的动作除外。

注：任何对方块初始位置的疑义应在赛局开始前向主裁判提出；队员不允许擅自调整方块或场地要素。

对于以上规则的轻微违反，如果不影响赛局，会被给予警告。影响赛局的违规，将会被取消资格。对收到多次警告的赛队，主裁判可判定取消资格。

<G10>自动及无人介入。在自动赛时段，上场队员不允许直接或间接地与其机器人互动。这包括但不限于以下几点。

（1）操作其VEXnet或V5遥控器上任意操控钮。

（2）以任何方式拔掉或干扰场控连接。

（3）以任何方式触发传感器（包括视觉传感器），即使没有接触传感器。

违反此规则可视为违反<G10>，导致对方联队获得自动时段奖励分。对收到多次警告的赛队，主裁判可判定取消资格。

<G11>所有规则适用于自动赛时段。自动赛时段的任何犯规，如果不成为影响赛局的因素，但是影响自动时段奖励分，则奖励分将自动给予对方联队。

a. 赛队须始终对其机器人的行为负责，包括自动赛时段。在规则保证下，任何自动赛时段成为影响赛局的因素的犯规，都会导致取消资格。

b. 如果双方联队在自动赛时段均有影响自动时段奖励分的犯规，则均不获得自动时段奖励分。

<G12>不要损坏其他机器人，但要准备好防御。任何旨在毁坏、损伤、翻倒或纠缠机器人的策略，都不属于VEX机器人竞赛的理念，所以是不允许的。如果判定以上行为是故意或恶劣的，违规的赛队将被取消该赛局资格。多次犯规可能导致该队被取消整个赛事的资格。

a. “七塔奇谋”被设定为具有进攻性质的比赛。只有防御性或破坏性策略的赛队，将不会受到<G12>

的保护（见<G13>）。但是，无破坏性或违规策略的防御性行为仍符合此规则的意图。

b. “七塔奇谋”是一项互动性的比赛。某些非犯规的偶然的翻倒、纠缠和损伤可能会发生，这是正常比赛过程的一部分，由主裁判决定互动是否为偶然或蓄意。

c. 赛队要始终对他们机器人的行为负责（包括在自动赛时段）。这适用于鲁莽操作机器人和可能造成损伤的赛队，也适用于拥有小尺寸底盘机器人的赛队。赛队应把他们的机器人设计成不至于稍有接触就翻倒或损伤。

d. 机器人持有的移动道具为该机器人的延伸。因此，与对方机器人持有的方块纠缠（如抓住、勾住、附着）是违反此规则的。

注：当机器人试图通过水平展开阻碍场地，或以完全防御的方式遮盖塔台顶部，预计会与对方机器人产生激烈的互动。由于对方机器人的推挤，翻倒或纠缠而对本方机器人造成的附带损伤将不被认定为违反<G12>。主裁判可判定无故的损伤或危险机械结构违反<R3>,<S1>和<G1>。

注意：“壁障式机器人”和“帽盖式机器人”是合规的，但须自行承担风险。

<G13>判定偏向进攻性机器人。当裁判不得不对防御性机器人和进攻性机器人之间的破坏性互动或有疑问的违规做出裁决时，他会偏向于进攻性机器人。

<G14>不能迫使对手犯规。不允许蓄意导致对手犯规的策略，此种情况下不会判对方联队犯规。

对于以上规则的轻微违反，如果不影响赛局，会被给予警告。影响赛局的违规，将会被取消资格。对收到多次警告的赛队，主裁判可判定取消其资格。

<G15>围困不能超过5秒。在手动控制时段，机器人不得围困对方机器人超过5秒。一旦围困方离开被围困方2'（约一个泡沫垫距离），围困就正式结束。围困正式结束后，该联队的机器人5秒内不得再围困对方同一台机器人。如果该联队继续围困对方同一台机器人，计时将从围困方机器人上次开始后退的时刻累计。

对于以上规则的轻微违反，如果不影响赛局，会被给予警告。影响赛局的违规，将会被取消资格。对收到多次警告的赛队，主裁判可判定取消资格。

<G16>不要将机器人锁定在场地上。机器人不得有意抓住、勾住或附着于任何场地要素。用机械结构同时作用于任一场地要素的多重表面，以图锁定该要素的策略是不允许的。此规定的意图是既防止赛队不小心损坏场地，也防止他们把自己锚固在场上。

对于以上规则的轻微违反，如果不影响赛局，会被给予警告。影响赛局的违规，将会被取消资格。对收到多次警告的赛队，主裁判可判定取消资格。

<G17>赛后取出移动道具。机器人的设计须使方块能在赛后断电的情况下，从其上任何机构中轻松取出。

<G18>开始记分时赛局才结束。得分将在赛局结束且场上所有方块、场地要素和机器人停止移动后立即计算。自动赛奖励分，将在该时段结束后且场上所有方块、场地要素和机器人停止移动后立即计算。

<G19>考虑场地的微小误差。场地要素可能有 ±1.0"的误差，特别说明除外。方块可能有 ±0.10"的尺寸误差和20克的重量误差。赛局开始前，方块的位置可能有 ±1.5"的误差。鼓励赛队据此设计自己的机器人。

注：场地围栏应始终安置在橡胶撑脚之上，无论泡沫垫的边缘锯齿是否被切掉。

<G20>重赛只在极少情况下被允许。重赛由赛事伙伴和主裁判裁定，而且只在极特殊的情况下才可能发生。

<G21>**本手册会有3次定期更新**。本手册中的所有规则在2019年8月16日前都可能修订，因而被视为是非正式的。并且，在2019年6月14日和2020年4月10日，会更新本手册。竞赛设计委员会保留在2020年4月10日专门为VEX机器人世界锦标赛修订本手册的权利。其中一项更改可能是自动时段奖励的分值。

<G22>**Q&A 系统是本竞赛手册的延伸**。所有赛队必须遵守VEX机器人竞赛规则，信守规则所表达的意图。正式注册赛队有机会在VEX机器人竞赛“问与答”系统（Question & Answer system）上要求解释竞赛规则。这里的任何答复将被视为VEX机器人竞赛设计委员会（GDC）的正式规定，代表了对VEX机器人竞赛规则的官方说明。

以往赛季规则定义和“问与答”系统不适用于本赛季。如需澄清，应在本赛季的“问与答”系统中提出。

2019 ~ 2020“问与答”系统是竞赛手册之外规则解释的唯一官方资源。如果竞赛手册和其他补充资料（如裁判培训视频，VRC Hub应用等）之间存在矛盾，以最新版竞赛手册为准。

VRC Q&A 系统可在访问本竞赛的官网进行查询。

七、特定赛局规则

<SG1>**开始赛局**。赛局开始前，机器人须按如下要求放置。

（1）接触本方联队得分区和联队站位一侧的场地围栏。

（2）接触场地泡沫垫。

（3）不接触塔台。

（4）除预装以外，不接触任何方块。

（5）接触1个预装。

a. 预装须正好仅接触一台机器人。

b. 预装须完全在场地围栏内。

（6）不接触得分区或边界条。

（7）不接触其他机器人。

注：如果某个机器人在赛局中没有上场，其预装会被主裁判随机地放在符合上述1 ~ 7条要求的位置上（接触场地围栏、不接触机器人等，如图A2–19所示）。

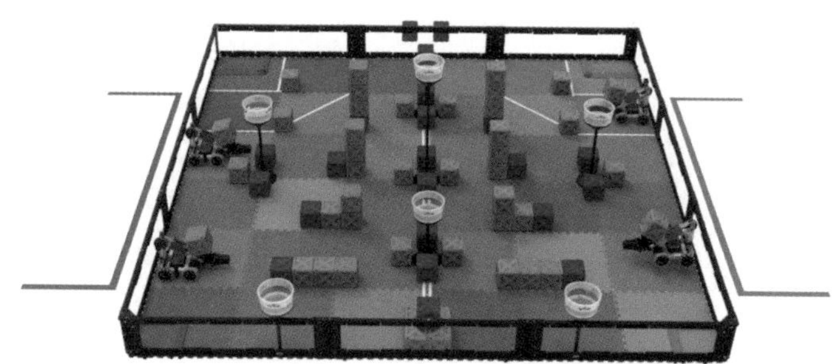

图A2–19　机器人均在合规启动区

<SG2>**自动赛留在己方区域**。自动赛时段，机器人不得接触自动时段分界线对方联队侧的场地泡沫垫、塔台或方块。

违反此规则将使对方联队获得自动时段奖励分。蓄意的、策略性的或极端的违规，如故意完全越过自动时段分界线接触对方机器人，将导致取消资格。

注：赛局开始时，接触自动时段分界线的塔台和方块不属于任何一方联队，可在自动赛时段被双方联队使用。如试图使用这些塔台或方块，赛队应意识到对方机器人也可能会试图这么做。当机器人的此类互动发生时，应考虑<SG7>、<G10>、<G11>及<G12>。

<SG3>远离对方联队的保护区，如图A2-20和图A2-21所示。机器人不得有意或无意、直接或间接地执行如表A2-2所示的操作。

表A2-2　禁止行为示例表

案例	行为	违规判罚
A	接触对方完全位于保护区内的机器人	轻微违反A、B、C或D，如果不影响赛局，会被给予警告。影响赛局的违规，将会被取消资格。对收到多次警告的赛队，主裁判可判定取消资格
B	接触任何对方联队得分区内得分的方块	
C	接触对方联队塔台内任何放置的方块	
D	接触任何对方联队得分区或边界条	
E	接触对方联队的内部保护区	违反E、F或G，无论是否影响赛局，都会被取消资格
F	导致对方联队的保护区内得分的方块不再符合得分的定义（如碰翻对方的堆叠）	
G	导致对方联队塔台内放置的方块不再符合放置的定义（如从联队塔台中移除该方块）	

图A2-20　机器人接触对方完全保护区内的机器人

图A2-21　机器人接触对方联队的内部保护区

<SG4>赛局导入物。上场队员可以在手动控制时段引入赛局导入物，将其轻放在灰色泡沫垫上，且符合如下要求。

a. 接触本方联队得分区和联队站位一侧的场地围栏。

b. 接触灰色场地泡沫垫。

c. 不接触塔台。

d. 除另一个赛局导入物以外，不接触任何方块。

e. 不接触得分区或边界条。

f. 不接触机器人。

此规定旨在允许赛队以冷静、安全的方式引入赛局导入物。其目的不是让上场队员直接与其机器人互动。

注：在规的引入这些方块时，上场队员可能会短暂地越过场地围栏构成的立面。此过程中，双方联

队均应非常注意<S1>、<G8>和<G11>。

对于以上规则的轻微违反，如果不影响赛局，会被给予警告。影响赛局的违规，将会被取消资格。对收到多次警告的赛队，主裁判可判定取消资格。

<SG5>移动道具用于己方。机器人不允许蓄意将移动道具掉落或放置于对方机器人上、放入对方得分区或对方联队塔台。

对于以上规则的轻微违反，如果不影响赛局，会被给予警告。影响赛局的违规，将会被取消资格。对收到多次警告的赛队，主裁判可判定取消资格。

<SG6>保持方块在场地内。赛队不允许蓄意地将方块移出场地。在试图得分时，方块可能偶然离开场地，蓄意或反复地这样做会被视为违反此规则。赛局过程中，方块偶然或被蓄意离开场地，将不再返回。

对于以上规则的轻微违反，如果不影响赛局，会被给予警告。影响赛局的违规，将会被取消资格。对收到多次警告的赛队，主裁判可判定取消资格。

<SG7>方块用于进行比赛。机器人不能试图用其机械装置控制方块完成违规操作。包括但不限于如下情况。

- 侵犯对方保护区，按照<SG3>。
- 干扰对方自动赛时段，按照<SG2>。

A3

机器人

一、引言

本章将阐述设计和搭建机器人的规则和要求。参加VEX机器人竞赛的机器人是由注册的VEX赛队设计和搭建的遥控或自动车辆，它们在“七塔奇谋”竞赛中可以完成特定的任务。赛前，所有机器人必须通过验机。

对于机器人的设计和搭建，有一些具体的规则和限制。在设计机器人前，请确保你已熟悉这些机器人规则。

二、机器人规则

<R1>每支赛队一台机器人。每支赛队只允许使用一台机器人参加VEX机器人竞赛。虽然赛队可以在比赛期间修改这台机器人，但一队只能有一台。基于此规则，参赛的VEX机器人具有如下子系统。

子系统1：移动式机器人底盘，包括车轮、履带、腿或其他可使机器人在平坦的比赛场地表面运动的结构。对于静止不动的机器人，没有车轮的底盘也视为子系统1。

子系统2：动力和控制系统，包括一个合规的VEX电池，一个合规的VEX主控器和使移动式机器人底盘运动的电机。

子系统3：操作移动道具或穿梭于场上障碍的附加结构（和相应的电机）。

基于上述定义，参加VEX机器人竞赛（含技能挑战赛）的最小的机器人必须由上面的1和2组成。因此，如果你打算换掉整个子系统1或2, 你就构建了第二台机器人，就不再合规。

a. 赛队不得用一台机器人参赛，同时又在修改或组装第二台机器人。

b. 赛队不得在一场赛事中来回轮换多台机器人。这包括在技能挑战赛、资格赛、淘汰赛中使用不同的机器人。

c. 多支赛队不得使用相同的机器人。一旦一台机器人在一场赛事中使用某个赛队队号参赛，它即为“他们”的机器人 — 其他赛队不得在赛季中使用此机器人参赛。

<R1a>, <R1b>和<R1c>的目的是为保证所有赛队公平竞争。欢迎并鼓励赛队在赛事期间改进其机器人，或与其他赛队合作开展最佳竞赛策略。

然而，赛队在同一赛事中携带和使用两台独立的机器人比赛，会对其他花费额外精力确保其唯一机器人可以完成所有竞赛任务的赛队不公平。一个多赛队组织共享一台机器人，也是对其他花费更多精力独立设计机器人的单个赛队的不公平。

为帮助确定机器人是否为“独立机器人”，请使用<R1>子系统的定义。综上，使用<G2>中提到的基本常识。如果你将两台机器人一起放在桌子上，它们看起来像两个独立的完整机器人（例如，各自有<R1>中定义的 3 个子系统），那么它们是两台机器人。试图用更换一颗螺丝，一个轮子或一个主控器来确定独立机器人的方式不符合此规则意图和精神。

<R2>机器人须验机合格。每台机器人在参赛前必须通过全面验机，验机会确保机器人符合所有机器人规则和规定。首次验机会在赛队注册或练习时进行。

a. 机器人做了重大改动，如部分或全部更换子系统3，它必须被重新验机才能参赛。

b. 所有机器人的配置在赛前都要经过验机。

c. 赛队可能在赛场被工作人员要求随机抽查，拒绝随机抽查将导致取消资格。

d. 未验机合格的机器人（如违反一条或多条机器人规则），将不允许比赛，除非机器人验机合格。机器人验机合格前，<T2>适用于任何进行中的赛局。

e. 如果机器人验机合格，但在后续赛局中发现违反了机器人规则，则将此赛局取消资格。在此违规得到改正和该赛队复检前，<R2e>一直适用。

<R3>机器人必须安全。不允许使用下列各种机构和零件。

a. 可能损坏赛场设施的，如场地围栏或场地要素。

b. 可能损坏其他参赛机器人的。

c. 具有不必要纠缠风险的。

<R4>机器人须符合尺寸限制。赛局开始时，机器人须小于457.2mm×457.2mm×457.2mm。

a. 比赛开始后，根据<SG2>机器人可以伸展超出启动尺寸。

b. 任何用于维持启动尺寸的约束（如扎带、橡皮筋，等等），在比赛中都必须一直附着在机器人上。

可以用如下两种方式测量机器人：把机器人放进内部尺寸符合上述限制的“尺寸箱”内，或将机器人放在平面上，用VEX机器人竞赛测量工具检查。测量时，机器人需不与箱壁或箱顶接触，或不与量具接触。相关测量工具可在VEX官网查询。

<R5>机器人使用VEX EDR系统搭建。除非另有说明，只能使用正式的VEX EDR零件来搭建机器人。在赛事中对零件有疑问时，赛队有责任提供证明零件为正版的文件，如发票、零件编号、VEX官网或其他印刷的文件。

a. VEXpro、VEX IQ或赫宝VEX产品线的产品，如果同时被列入VEX产品线中或<R7>特别提及允许使用，就是合规的。例如，橡胶轴箍（228-3510）是可在VEX EDR“轴&硬件”页面找到的VEX IQ零件，那么此零件就是合规的。

b. VEX IQ销钉仅在用于固定VEX赛队的号牌时是允许的。

c. VEX 机器人设计系统中的某些正式 VEX EDR 机器人零件已停产，但用于竞赛仍然是合规的。然而，赛队须注意<R6>的规定。

d. 允许使用与VEX合规部件相同的任何部件。此规定的目的是允许使用除颜色外其他都相同的产品。这些零件是否与正规VEX零件相同，由检查人员来确定。

e. V5测试项目的零件，包括 V5 测试固件用于竞赛是不合规的。

f. 所有V5测试硬件可由其预生产的浅灰色识别。V5 测试版的机器人主控、机器人电池、遥控器和视觉传感器上印有“BETA TEST”标记。智能电机和天线没有此标记，但仍可通过颜色识别。

> 机器人使用与VEX相关的服饰、竞赛辅助材料、包装或其他非机器人产品违反了此规则的精神，也不被允许。

<R6>VEX产品来自VEX机器人或其经销商。正式的VEX产品只能从VEX机器人和官方的VEX经销商那里购买。为了确认一个产品正式与否，可咨询VEX官网。完整的授权经销商名单可在该网站上查询。

<R7>特定的非VEX EDR零件允许使用。机器人可以使用下列非VEX零件。

a. 只用来作为VEX光学传感器或视觉传感器的滤色片或色标的材料。

b. 各种非气溶胶基润滑脂或润滑剂，可用于不与场地围栏、泡沫垫表面、比赛用得分物或其他机器人接触的表面和位置。

c. 适度使用防静电化合物（如场地围栏、泡沫垫表面、方块或其他机器人上无此残留物）。

d. 固定电缆接头可使用热熔胶。

e. 1/8"辫状尼龙绳，不限量。

f. 允许使用只为集束或包裹2线、3线、4线或V5智能电缆或气管的物品。这些物品必须完全用于电缆的保护和管理，包括（但不限于）电工胶带、电缆支架、线槽等。检查人员将会认定一个零件是否有保护和管理电缆以外的作用。

<R8>给天线留些空间。V5或VEXnet 2.0天线须安装在没有金属围绕在V5天线上的标识或接触VEXnet 2.0天线的标志，如图A3-1所示。

赛队仅在远距离连接VEXnet 2.0天线（见图A3-2）和VEX ARM® Cortex®的主控器时，可使用一条USB延长线。

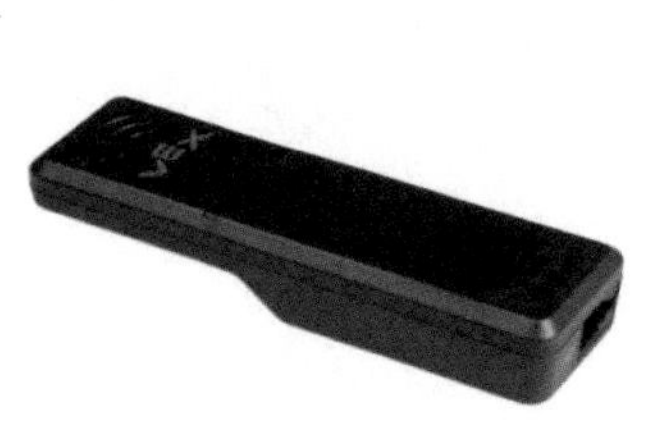

图A3-1　V5天线

图A3-2　VEXnet天线2.0

> 允许机器人的结构中适度封装V5天线或VEXnet天线2.0。此规则旨在通过减少VEXnet设备间的障碍物以减少通信问题。如果天线包裹在机器人内部，会因连接不畅导致VEXnet和机器人通信出问题。

<R9>允许限量使用定制塑料。机器人可使用从12"×24"、厚度不超过0.07"的单块板材上切割的不易粉碎的材料，例如，聚碳酸酯（Lexan）、乙缩醛均聚物（Delrin）、缩醛共聚物（Acetron GP）、POM（聚甲醛）、ABS塑料、PEEK、PET、HDPE、LDPE、尼龙、聚丙烯、FEP等。

a. 禁止使用易粉碎塑料，如PMMA（也被称为有机玻璃或亚克力）。

b. 塑料可切割、钻孔或弯曲等，但不能进行化学处理、熔化或浇铸。弯曲聚碳酸酯板可适当加热。

<R10>允许限量使用胶带。机器人由于以下目的，可使用少量胶带。

a. 2条VEX电缆接头处的密封。

b. 给电线和电机加标记。

c. 遮挡号牌背面（如“错误的颜色”）

d. 防止气动接头螺纹处的泄漏，仅可使用特氟龙带。

把VEXnet 2.0天线固定在基于VEX ARM® Cortex®的主控器上。为保证连接的稳固，强烈建议以这种方式使用胶带。

e. 其他可视为“非功能性装饰”的应用，参考<R12>。

<R11>允许使用特定的非VEX螺丝，螺母或垫圈。任何市售的#4、#6、#8、M2、M2.5、M3 或M4 螺钉，长度不超过2"（50.8mm），以及与这些螺钉相配的螺母和垫圈。

此规定的目的是允许赛队采购他们自己的硬件而不增加标准 VEX 设备中没有的附加功能。这些非VEX 硬件是否增加了附加的功能，由检查人员来确定。

<R12>允许使用装饰物。赛队可以使用非功能性装饰，前提是这些装饰不显著影响机器人的性能和赛局的结果。装饰必须符合竞赛精神。检查人员会最终认定装饰是不是“非功能性”。除非下文另有说明，非功能性装饰受所有标准机器人规则的约束。

为了符合“非功能性”，任何贴花装饰必须背靠具有相同功能的合规材料。例如，如果机器人有一个防止得分物从机器人身上掉下来的特别大的贴花，它就要背靠能防止得分物掉落的VEX材料。

a. 电镀和刷漆会被认为是合规的非功能性装饰。

b. 如果使用VEX发声器，发出的声音不得干扰他人，并且不得低俗。验机负责人和主裁判将决定声音是否合适。

c. 不具有信息传送和无线通信功能的摄像机可被视为非功能性装饰。但不允许将大型摄像机作为配重使用。

d. VEX马达或VEX马达的部件不可用作非功能性装饰。

e. 视觉上模仿场地要素或可能干扰对方视觉传感器的装饰被认为是功能性的，是不允许的。这包括灯光，如VEX闪光灯。验机负责人和主裁判将最终决定特定装饰或装置是否违规。

f. 允许使用内部电源（如闪光的小灯），只要不违反其他规则，且这种电源只给非功能性装饰供电（如不直接或间接地影响机器人身上任何部分的功能）。

g. 如果装饰物提供反馈信号给机器人（如：通过影响合规的传感器）或者上场队员（如：状态指示器），则视为是功能性的，这是不允许的。

<R13>不允许Wi-Fi。视觉传感器须关闭无线传输功能。

<R14>新的VEX零件合规。赛季内在VEX官网上推出的其他VEX机器人设计系统零件都是合规的。某些“新”零件在推出时可能有某种限制。这些限制会在官方论坛、竞赛手册或其产品网页上公布。

<R15>机器人使用一个主控器。机器人仅能用一个 VEX EDR 主控器。

a. 基于VEX ARM® Cortex®的主控器和 V5 主控器都是 VEX EDR 主控器)。

b. 不允许使用其他的主控器或处理器，即使是非功能性的装饰。这包括其他VEX产品线的产品（如VEXpro, VEX RCR, VEX IQ 或赫宝 VEX 机器人），还包括非VEX设备，如树莓派或Arduino 设备。

<R16>机器人须使用VEXnet。所有的机器人通信，必须只用 VEXnet 系统。

a. 不得使用VEX 75MHz晶振。（有些赛事允许使用VEX 75MHz晶振无线通信，详见<R23>）。

b. 不得使用VEXpro、VEX RCR、VEX IQ、赫宝VEX机器人产品线的电子产品。

c. 不得混用和搭配不同类型的VEXnet发射器和接收器。只在与基于VEX ARM® Cortex®的主控器配合时，才可以使用VEXnet遥控器。只在与PIC主制器配合时，才可以使用升级的VEXnet 75MHz发射器。V5遥控器只能与V5主控器配合。

d. 允许赛队在准备区或赛场以外的区域使用V5主控器或V5遥控器的蓝牙功能。但是，赛局中必须使用VEXnet的无线通信功能。

<R17>机器人使用一种控制系统。选择如下。

方案1：一个基于VEX ARM® Cortex®的主控器、最多用10个2线电机或VEX伺服电机（任意组合，不超过10个）及一套合规的VRC气动系统（见<R19>）。

方案2：一个基于VEX ARM® Cortex®的主控器、最多用12个2线电机或VEX伺服电机（任意组合，不超过12个），不使用气动元件，气管除外。

方案3：一个V5主控器、最多6个V5智能电机及一套合规的VRC气动系统（见<R19>）。

方案4：一个V5主控器、最多8个V5智能电机，不使用气动元件，气管除外（见表A3-1）。

表A3-1　四种控制系统、电机及气动元件的组合方案表

方案	控制系统	气动元件	2线电机或伺服电机	智能电机
1	Cortex	Y	10	0
2	Cortex	N	12	0
3	V5	Y	0	6
4	V5	N	0	8

a. 线电机必须直接或通过“VEX 29电机控制器（276–2193）”模块连接到VEX主控器上的2线电机口来控制。

b. 赛队不可以在一个电机上使用多个2线电机口、3线PWM电机口或VEX 29电机控制器模块。

c. 用于V5主控器的电机只能为V5智能电机，且只能通过V5主控器的智能端口连接。3线端口不能通过任何方式控制电机。

<R18>一个电机接口对应一个电机或Y电缆。如使用基于VEX ARM® Cortex®的主控器，每个主控器或电源扩展器的电机接口上最多只能有1条 VEX Y 电缆（不允许 Y–Y 套接以使同一个电机接口控制两个以上的电机）。

a. 使用基于VEX ARM® Cortex®的主控器的赛队在其两个2线电机口上仅可各接1个2线电机。用“Y”套接一个2线电机口是非法的。

b. 赛队不可用“Y”套接一个29电机控制器。

<R19>仅允许VEX电池作为电源。仅可使用如下电源。

（1）如使用一个基于VEX ARM® Cortex®的主控器，机器人可使用1个VEX 7.2V机器人电池组和1个9V备用电池。

a. 使用了VEX电源扩展器的机器人可以增加第二个VEX 7.2V机器人电池。机器人最多只允许使用1个VEX电源扩展器。

b. 对VEX 7.2V 电池组充电的唯一合规方法是用VEX智能充电器（零件号276–1445）或智能充电器v2（零件号276–2519、零件号276–2221（已停产）、零件号276–2235（已停产））。严禁使用其他充电器。

c. 赛队都必须用VEXnet备用电池盒（零件号276–2243）将一只可用的9V备用电池连接到

VEXnet系统上。

d. VEXnet遥控器只能用AAA电池供电。

（2）若使用一个V5主控器，机器人可使用1个V5机器人电池（零件号276–4811）。

a. V5机器人电池无合规的电源扩展器。

b. V5机器人电池仅可使用V5 机器人电池充电器（零件号276–4812）。

c. V5 遥控器仅可用内置充电电池供电。

赛局中允许赛队使用外部电源（例如可充电电池组）接入V5遥控器，只要电源安全连接，且不违反其他规则，如<G7>，<R21>或<R22>（见表A3–2）。

表A3–2　不同控制系统对应的合规电池、充电器和附件表

基于VEX ARM® Cortex®的主控器				V5主控器		
零件	合规零件	合规充电器	最大数量	合规零件	合规充电器	最大数量
机器人电池	276–1456 276–1491	276–1445 276–2519 276–2221 276–2235	1 （2个，通过扩展器连接　）	276–4811	276–4812	1
电源扩展器	276–2271	不适用	1	无	无	0
遥控器电池	AAA 电池	任何安全的AAA电池充电器	6(每个遥控器)	276–4820（内置）	任何安全的微型USB电缆	1（每个遥控器）
遥控器赛场电源	276–1701	不适用	1	无	无	0
备用电池	9V 电池	不适用	1	无	无	0

某些赛事中可能为 VEXnet 遥控器及V5无线遥控器提供赛场电源。如果这是为所有赛队提供的，它就是无线遥控器的合规电源。

<R20>每个机器人使用一到两个遥控器。赛事中，不得用两个以上的 VEX 手持式遥控器控制一台机器人。

a. 不允许改动这些遥控器。

b. 不允许用其他方法（光、声，等等）控制机器人。允许使用传感器反馈（如电机编码器或视觉传感器）来协助操作手的控制。

c. 赛队不可混用和搭配不同类型遥控器，如同时使用一个 VEXnet 遥控器和 V5 无线遥控器。

<R21>不允许对电子件进行任何改动。对电机（包括内部的 PTC 或智能电机固件）、主控器（包括V5 主控器固件）、延长线、传感器、控制器、电池组、储气罐、螺线管、气缸及 VEX 机器人设计系统的任何其他电子或气动元件不得以任何方式改变其原始状态。

a. VEX 电气零件的外部导线可用焊接、缠绕、电工胶带、热缩管修复，以保证其功能和长度不变。修理中所用的导线应与 VEX 导线相同。赛队的这种修复可能是有风险的，不正确的接线可能导致意想不到的结果。

b. VEX官网上包含的官方 VEXos 固件更新，是允许且强烈推荐的，不允许自定义修改固件。

c. 赛队可以用正式的 VEX 齿轮更换“2 线 393”或“2 线 269”电机中的齿轮。

d. 赛队也可用其他正式的替换齿轮盒更改或替换 V5 智能电机的齿轮盒。

<R22>对大部分非电子件的改动是允许的。允许对VEX竞赛合规的金属结构部件或塑料部件进行物

理加工，如弯曲或切割。

a. 不允许对电子件如主控器或天线进行物理加工，除非文中详细描述允许处理。见<RX>。

b. 允许对 VEX 限位和触碰开关做内部或外部的机械修理。允许修改限位开关的金属弹簧。禁止把这些器件中的零件挪作他用。

c. 不允许改造金属的材料属性，如热处理。

d. 赛队可以按需要的长度切割气管。

e. 防止1/8”尼龙绳头散开，允许热熔其端头。

f. VEX EDR 机器人设计系统中所不提供的电焊、锡焊、铜焊、胶粘或其他任何形式的连接均是不允许的。

g. 可使用乐泰（Loctite）或类似的螺纹黏合产品加固机械紧固件。这只能用于固定五金件，如螺钉和螺母。

<R23>允许定制V5智能线缆。赛队必须使用官方的 V5 无接头智能线缆但可以使用4P4C线缆接头及4P4C电缆压接工具。使用自定义电缆（使用这些工具）的赛队应知晓不正确的接线可能导致意想不到的结果。

<R24>电源开关易接触。机器人的通/断开关必须在无须移动或抬起机器人的情况下可以触及。主控器的指示灯或屏幕也应可见，以便竞赛工作人员诊断机器人的问题。

<R25>场地上的机器人必须做好比赛准备。赛队必须带着机器人到赛场准备比赛。使用 VEX 气动部件的赛队把机器人放到比赛场地前必须充好气。

<R26>限制气动压力。气动装置的充气压力最高可达 100 psi。赛队在一台机器人上最多只能使用 2 个合规的VEX 储气罐。

> 此规则旨在限制赛队在两个储气罐中储存压缩空气的气压，且机器人身上的气管、气缸的压力应正常。赛队不得使用其他元件（如医用手术管）储存或产生气压。非存储目的使用气缸和气管的赛队违反了此规则，将不能通过验机。

<R27>赛队须注册参赛。为了参加正式的 VEX 机器人锦标赛，赛队必须先在比赛官网上注册。未注册的赛队不得参赛。注册后，赛队会选择或收到 VEX 赛队识别号（VEX Team ID#）和装有 VEX 赛队识别号牌的礼品包。

号牌须安放在与该号牌相关联的学生所搭建、编程并操纵的机器人上（见 R1）及<R27>。

<R28>机器人须有赛队识别牌。每台机器人至少应在两侧展示其VEX赛队识别号。识别号牌不得放置在标准赛局中容易被机器人结构遮挡的位置。

赛局中，机器人必须使用与联队颜色一致的有色号牌（即，红色联队的赛队在比赛中必须挂上红色号牌。机器人属于哪支联队必须十分清楚。

如果号牌两面的颜色不一致，则须遮住错误颜色，使其被挡住，以确保赛局中主裁判可以清晰辨认联队颜色。由于号牌为非功能性装饰，使用胶带是合规的。

VEX赛队识别号牌是一种非功能性装饰，不能把它用作机器人的功能部件，见<R12>。

这些号牌必须符合所有的机器人规则（例如，它的尺寸必须合适（见R4），不能引起纠缠等。）

此规则旨在让主裁判方便知道机器人属于哪方联队及哪个赛队。能够穿过机器人的机械臂看到另一侧错误颜色的号牌，会被视为违反<R28>。

<R29>使用“竞赛模板”编程。机器人的编程须遵循由 VEXnet 场地控制器发出的指令。

在自动赛时段，不允许上场队员使用他们的手持式遥控器。因此，如果赛队想以自动方式进行比赛，就要用定制的软件对机器人编程。机器人的编程须遵循由 VEXnet 场地控制器发出的控制指令（如，忽略自动赛时段的无线通信，在手动控制阶段结束时禁用等）。

赛队应使用提供的“竞赛模板”或等同功能的程序模板来实现此要求。作为检录的一部分，所有机器人应通过启用或禁用的功能测试。关于这方面的更多信息，赛队可查询所选择的编程软件的开发人员编制的指南。

<R30>偶然和蓄意违反机器人规则间的区别。对机器人规则的任何违反将导致该赛队不能参赛，除非他们按<R2d>通过了验机。此外，因采用欺骗手段或违反规定而获得比竞争对手有利条件的赛队违背了竞赛的精神和道德准则。此类违规会被认为违反<G1>和REC基金会行为准则。

<R31>赛事特殊变更。某些赛事会酌情修改以下规则以适应特定的情况。

使用 VEX 75 MHz 晶振收发机代替或配合 VEXnet 无线连接。

用 AA 电池代替 VEX 7.2V 电池组给机器人供电。

注：如果一项赛事做了修改，必须通知所有的赛队。特别重要的是，任何使用75 MHz晶振的赛事要确保赛队使用正确的通信类型。

A4

赛事

一、引言

VEX EDR 挑战赛将以锦标赛的方式进行。每次锦标赛包括练习赛、资格赛和淘汰赛。资格赛后，赛队将以WP、AP及SP分数排名。排在前面的赛队将参加淘汰赛，决出锦标赛冠军。

二、锦标赛定义

联队队长：淘汰赛中排名最高赛队代表。联队队长将邀请候选赛队参加其联队，直至联队组成。

联队选配：为淘汰赛选择固定联队伙伴的过程。联队选配按如下流程进行。

（1）资格赛结束后排名最高的赛队为第一个联队队长。

（2）联队队长邀请另一支赛队加入其联队。

（3）受邀请的赛队代表可以接受或拒绝邀请，如<T11>所示。

（4）资格赛结束后排名第二的赛队为第二个联队队长。

其他联队队长继续挑选联队，以此类推，直到所有联队选配完成，进入淘汰赛。

自动环节排名分AP：赛队排名的第二依据。在资格赛中获得自动时段奖励分的联队将获得6分自动环节排名分。如赛局为平局，双方联队各获得3分自动环节排名分。

取消资格(DQ)：对违反规则的赛队给予的处罚。在资格赛中被取消资格的赛队，获胜分（WP）、自动环节排名分（AP）、对阵强度分（SP）均为零。

注1：如果获胜联队被取消资格，则对方联队中未被取消资格的赛队将获得2分WP。

注2：如果赛局为平局，则对方联队每支赛队（联队不包含被取消资格的赛队）都将获得2分WP。如果双方联队均有一支赛队被取消资格，那么所有其他未被取消资格的赛队将获得1分WP。

注3：如果某一支赛队在淘汰赛中被取消资格，整个联队将取消资格，输掉该赛局。

淘汰赛对阵表：淘汰赛赛程。对阵表中将有8 ~ 16支联队进行淘汰赛。赛事伙伴可以根据赛程及参赛队数决定联队准确数量。

16支联队淘汰赛将按A4-1所示的对阵图进行：

图A4-1　对阵图一

如果赛事少于16支联队参赛，则应按照上述对阵图。当无对阵联队时，该局比赛轮空。比如：在一场14支联队参赛的锦标赛中，联队 1 和联队 2 自动晋级下一轮。

8支联队的淘汰赛将按A4-2所示的对阵图进行。

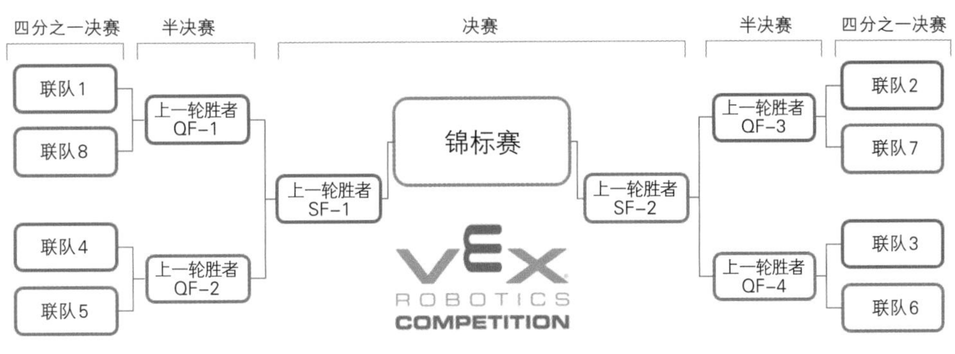

图A4-2　对阵图二

淘汰赛：用于确定锦标赛冠军联队的一种比赛。两支联队根据淘汰赛对阵表对阵，获胜联队晋级下一轮。

赛事伙伴：VEX EDR挑战赛合作方，统筹管理赛事志愿者、场馆、物料及其他事物。赛事伙伴是REC基金会、赛事志愿者和参赛者之间的官方联络人。

主裁判：公正执行本手册所述规则的志愿者。主裁判是唯一可以在赛事中向赛队解释规则或讨论得分问题的人。

练习赛：让赛队熟悉正式比赛场地的一种不记分的比赛。

资格赛：用来确定联队选配排名的一种比赛。参赛联队得到获胜分 WP 、自动环节排名分 AP 和对阵强度分SP。

对阵强度分SP：赛队排名的第三依据。对阵强度分与该队在资格赛中所击败的联队得分相同。当比赛平局，双方联队都将获得相同的SP。如果联队中两支赛队均被取消资格，那么负方联队中的赛队（ 非取消资格的赛队）将获得与其在本赛局中得分相同的SP。

暂停：在淘汰赛期间，每支联队分配的暂停时间不超过3分钟。

赛队代表：淘汰赛联队选配过程中，代表某一赛队的学生。

获胜分WP：赛队排名的依据。资格赛中的获胜联队得2分，平局得1分。资格赛中负方得0分。

三、锦标赛规则

<T1>无视频回放，赛后问题及时反馈。比赛中，主裁判有对规则的最终裁决权。

a. 判不观看任何照片或赛事录像。

b. 关于裁判员的任何疑问，必须由一名此赛队的上场队员在两场资格赛期间宣布某一场淘汰赛得分后立即提出。

c. 关于赛局得分的任何疑问，必须由一名此赛队的上场队员在为下局比赛恢复场地前提出。一旦场地被清理，不得再对得分提出争议。

d. 主裁判可以寻求赛事伙伴或REC基金会成员的帮助以做出最终裁定，但学生绝不能越过主裁判将争议提交给这些人员。

<T2>赛队的机器人或上场队员须参加每场赛局。赛队的一台机器人或一名该赛队的队员须到达比赛现场报到。如无队员到达比赛现场，则此赛队将视为“未参赛”，WP、AP及SP均为0分。

<T3>佩戴护目镜。比赛期间，所有上场队员在联队站位处时，都必须佩戴带侧面防护的护目镜。强烈建议在准备区的所有队员佩戴护目镜。

<T4>场地上的机器人必须做好比赛准备。赛队必须带着机器人到赛场准备比赛。使用VEX气动部件的赛队把机器人放到比赛场地前必须充好气。机器人必须迅速放入场中。屡次拖延可被视为违反<G1>。

> “迅速”的准确定义由主裁判和赛事伙伴根据比赛日程、之前的警告或拖延等情况来判定。

<T5>红方联队或排名最高的种子队可最后放置机器人。资格赛中，红方联队有权将其机器人最后放入场中。淘汰赛中，排名较高的联队有权将其机器人最后放入场中。赛队一旦把机器人放入场中，就不能在赛前再调整其位置。如果赛队违反此规则，对方联队将获得迅速调整其机器人的机会。

<T6>某些赛事可能会安排练习赛。如果安排练习赛，主办方会尽可能给各赛队提供相等的练习时间，练习时间会按先来先得的原则进行。

<T7>资格赛按照资格赛对阵表进行。比赛当天会下发资格赛对阵表。对阵表上将标明联队伙伴和对手联队及联队颜色。对于有多个比赛场地的锦标赛，对阵表也会标明赛局将在哪个场地进行。资格赛中联队伙伴会随机分配。

注：正式对阵表由赛事伙伴自行决定是否更改。

<T8>所有赛队记分的资格赛轮数相同。在某些情况下，可能要求某支赛队参加额外的资格赛，但此额外的赛局不记入该赛队的WP、AP或SP得分。提醒赛队<G1>始终适用，赛队应以此额外的资格赛仍记分的态度比赛。

<T9>资格赛排名。资格赛中，赛队按以下顺序排名。

a. 获胜分

b. 自动环节排名分

c. 对阵强度分

d. 最高单场得分

e. 次高单场得分

f. 随机电子抽签

<T10>派一名赛队代表进行联队选配。各队须指派1名赛队代表到场进行联队选配。如果赛队代表没有到场报到，其赛队将无权参与联队选配。

<T11>赛队只能受邀加入一支联队。如果赛队代表在联队选配中拒绝联队队长的邀请，那么此赛队代表也不能接受后续联队队长的邀请。但是，他们有权作为联队队长参加淘汰赛。

例如。
- 1号联队队长邀请赛队ABC加入其联队。
- 赛队ABC拒绝邀请。
- 其他联队队长不能邀请赛队ABC加入其联队。
- 但如果赛队ABC资格赛排名靠前可以成为联队队长，赛队ABC可以组成自己的联队。

<T12>每支联队有一次暂停机会。每支联队在淘汰赛对阵表列出的各淘汰赛赛局之间，经主裁判及赛事伙伴允许，有1次要求暂停的机会。联队不能在赛局中使用暂停。

<T13>淘汰赛“先胜一局”晋级。在没有世锦赛晋级出口的赛事中，淘汰赛先胜一局的联队晋级下一轮。平局则进行加赛直到一支赛队获胜并晋级或者获得冠军。

在具有世锦赛晋级出口的赛事中，可以分为以下几种情况。

- **当赛事的该组别只有一个分区时：**半决赛（含）之前先胜一局的联队晋级下一轮。决赛采用三局两胜制，胜两局的赛队获得冠军。
- **当赛事的该组别有多个分区时。**
- **在分区的淘汰赛中：**半决赛（含）之前先胜一局的联队晋级下一轮。决赛采用三局两胜制，胜两局的赛队获得分区冠军。
- **当各分区冠军对阵时：**决赛采用三局两胜制，胜两局的赛队获得总冠军。

<T14>小型赛事会有较少的联队。赛事少于32支赛队（例如：共16支联队）时，联队数量将限制在如下范围，总队数除以2，取整。（例如，共19支赛队，那么联队为19/2=9.5，联队数为9）。

<T15>场地会抬高或置于地面。有些赛事会把比赛场地放在地面或抬高（通常高度为30.5 ~ 61cm）。无论场地如何放置，不允许上场队员在比赛中站在任何物体上。

2020年VEX机器人世界锦标赛上，比赛场地将抬高到距地面61cm。